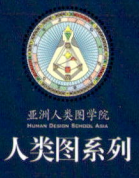

人类图系列

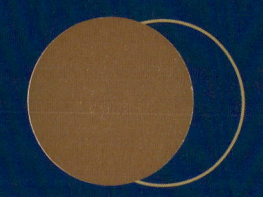

人类图
入门篇

HUMAN DESIGN

乔宜思（Joyce Huang）——— 著

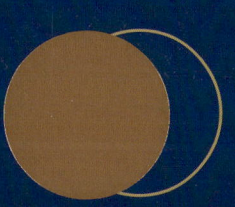

乔宜思（Joyce Huang）著

人类图入门篇

70张图，
看懂你的人生使用说明书

图书在版编目（CIP）数据

人类图入门篇：70张图，看懂你的人生使用说明书 / 乔宜思著 . —北京：华夏出版社有限公司，2022.2（2025.4重印）

（人类图）

ISBN 978-7-5080-9918-7

Ⅰ . ①人… Ⅱ . ①乔… Ⅲ . ①人生哲学—通俗读物 Ⅳ . ① B821-49

中国版本图书馆 CIP 数据核字（2020）第 043947 号

本著作中文简体版由成都天鸢文化传播有限公司代理，经本事出版、大雁文化事业股份有限公司授权华夏出版社独家发行，非经书面同意，不得以任何形式、任意重制转载。本著作限于中国大陆地区发行。

版权所有，翻印必究。

北京市版权局著作权登记号：图字 01-2017-3292 号

人类图入门篇：70张图，看懂你的人生使用说明书

作　　者	乔宜思（Joyce Huang）
责任编辑	陈　迪　王秋实
出版发行	华夏出版社有限公司
经　　销	新华书店
印　　刷	三河市少明印务有限公司
装　　订	三河市少明印务有限公司
版　　次	2022年2月北京第1版　2025年4月北京第4次印刷
开　　本	710×1000　1/16 开
印　　张	17
字　　数	180 千字
定　　价	69.00 元

华夏出版社有限公司　地址：北京市东直门外香河园北里 4 号　邮编：100028
网址：www.hxph.com.cn
若发现本版图书有印装质量问题，请与我社营销中心联系调换。电话：（010）64663331（转）

1　　自序　二十年磨一剑
7　　推荐序　一切，都是为了让你的人生由红灯转绿灯

第一章　认识能量场

004　　认识能量场
009　　人类图使用者分享

第二章　你的类型与策略

016　　你的类型与策略
018　　显示者
026　　生产者
034　　投射者
040　　反映者
046　　人类图使用者分享

第三章　九大能量中心

056　　能量中心，定义了独一无二的你
060　　头脑中心和逻辑中心
064　　喉咙中心
068　　G中心

- 072　意志力中心
- 076　情绪中心
- 080　直觉中心
- 084　根部中心
- 088　荐骨中心
- 092　人类图使用者分享

第四章　内在权威

- 104　内在权威是你的人生通关密语
- 117　人类图使用者分享

第五章　十二种人生角色

- 128　人生角色，是你与外界互动的方式
- 144　人类图使用者分享

第六章　通道与闸门

- 158　36条通道，上天赋予你活出自己的配备
- 196　延伸知识：闸门定义
- 210　延伸知识：闸门及其关键字索引
- 221　人类图使用者分享

第七章　定义与轮回交叉

- 233　定义与轮回交叉
- 238　人类图使用者分享

附录　名人人类图范例解读

- 249　乔布斯人类图范例解读
- 253　梅丽尔·斯特里普人类图范例解读

图目录

003	图 1	每个人都有能量场
015	图 2	世界由四种类型的人组成
019	图 3	显示者的能量场
027	图 4	生产者的能量场
035	图 5	投射者的能量场
041	图 6	反映者的能量场
055	图 7	九大能量中心各司其职
059	图 8	空白中心的自我对话
060	图 9	头脑中心和逻辑中心
064	图 10	喉咙中心
068	图 11	G 中心
072	图 12	意志力中心
076	图 13	情绪中心
080	图 14	直觉中心
084	图 15	根部中心
088	图 16	荐骨中心
103	图 17	内在权威是你的领航员
107	图 18	情绪中心内在权威
109	图 19	荐骨中心内在权威
110	图 20	直觉中心内在权威
111	图 21	意志力中心内在权威
112	图 22	G 中心内在权威
113	图 23	无内在权威
114	图 24	月循环内在权威
127	图 25	人生角色
157	图 26	通道是你的天赋才华
160	图 27	通道 1-8
161	图 28	通道 2-14
162	图 29	通道 3-60
163	图 30	通道 4-63
164	图 31	通道 5-15
165	图 32	通道 6-59
166	图 33	通道 7-31
167	图 34	通道 9-52
168	图 35	通道 10-20
169	图 36	通道 10-34

170	图 37	通道 10-57		187	图 54	通道 29-46
171	图 38	通道 11-56		188	图 55	通道 30-41
172	图 39	通道 12-22		189	图 56	通道 32-54
173	图 40	通道 13-33		190	图 57	通道 34-57
174	图 41	通道 16-48		191	图 58	通道 35-36
175	图 42	通道 17-62		192	图 59	通道 37-40
176	图 43	通道 18-58		193	图 60	通道 39-55
177	图 44	通道 19-49		194	图 61	通道 42-53
178	图 45	通道 20-34		195	图 62	通道 47-64
179	图 46	通道 20-57		231	图 63	轮回交叉
180	图 47	通道 21-45		232	图 64	定义与轮回交叉图表
181	图 48	通道 23-43		235	图 65	一分人
182	图 49	通道 24-61		235	图 66	二分人
183	图 50	通道 25-51		235	图 67	三分人
184	图 51	通道 26-44		235	图 68	四分人
185	图 52	通道 27-50		248	图 69	乔布斯的人类图
186	图 53	通道 28-38		252	图 70	梅丽尔·斯特里普的人类图

自序
二十年磨一剑

乔宜思（Joyce Huang）

2006年那一年，我遇见了人类图，一转眼，十年过去了，今年是我学习、研究、教学、传播与推广人类图的第十年。

我依旧清楚记得十年前的自己，我记得第一次看见自己的人类图，内心那种难以言喻的兴奋感，我记得自己呆呆望着那张人类图，多么希望有个谁，可以巨细靡遗、完整告诉我这张图在讲些什么，我想立即揭开这张图里所藏的秘密。我太想知道了，于是我找到国外具备专业资格的人类图分析师做个人解读，我尽可能收集每一本讲述人类图的原文书与祖师爷拉（Ra）的语音文件，迫切想消化所有信息，接着我报名上课了，我在人类图的网站上了一阶又一阶的各式各样不同主题的课程……

我记得当时的自己，在这混乱的世界里晃荡，因缘际会，好不容易，终于找到这入口。我仿佛站在一座超级大的人类图城堡前，它如梦似幻不真实，高耸入云，矗立在面前。我没有一丝迟疑，只想一手推开这扇门，一探其中奥秘。我以为这知识应该不会太难，花上几个月应该可以搞懂，没想到推开门后才发现，这里头出乎意料地装载着庞大的知识量，信息盘根错节，千头万绪，就此彻彻底底把我淹没。

就这样，花了十年走到今天，学海无涯，我很清楚这条路还没走完。

一路走来，我非常明白初学者的心情，我也曾经站在这扇门外怀抱好奇与渴望，渴望知道更多，却不知从何着手。"如果有更多人能知道人类图就好了，如果他们看懂了自己与周围人的设计，很多心结就能解开了。"我常这样想，学习需要循序渐进，知识的追寻本来就需要分成不同阶段，所以我写了这本《人类图入门篇》。这是为人类图初学者所写的一本入门书，也是第一本从华语世界的角度、以我们熟悉的语言与思路，来讲述这套知识体系的书。

既然是入门书，当然要清楚易懂，所以这一次，我想以图的方式，来拆解整体人类图体系，为每个人勾勒出人类图体系的基本轮廓。欢迎你拿着自己的人类图对照，你可以把这本书当成一个古道热肠的导游，他能以最生活化的风格、最条理分明的方式来告诉你，人类图的基本核心概念是什么，让你能不费力地按图索骥，以全新的角度来理解自己的人类图设计。

我这一辈子有个大梦，我梦想着有朝一日能将人类图体系中文化。我总认为所谓的中文化，不仅仅是将知识翻译成中文而已，翻译是基本功，让大家能以熟悉的语言来理解。除此之外，贪心的我更想将这门学问彻底深化、本地化，采用华人所熟知的范例与说法，化繁为简，以简单易懂的方式，让更多人能明白，并运用在每一天的生活中。

人类图不只是知识，还是实践，这也是我过往十年来，不管是个人学习还是教学的原则与理念。

也因此在这本书里，除了在人类图学术知识层面，务求正确、简单明了、容易了解，我也邀请了许多喜爱人类图、热爱人类图、已经上过人类图课程的同学，一起加入写作的行列。他们是一群真心喜爱人类图，并且认真将所学实践于生活的有心人，我衷心感谢他们以各种多姿多彩的方式，将这门学问运用在生活中，并且愿意慷慨分享。这条人类图中文化之路，因为有他们加入，而变得更多元、更有趣，也更丰富。

除了这本书之外，若你想知道更多，在2014年到2016年短短三年，亚洲人类图学院陆陆续续推出一系列丛书，想以各种角度切入，将人类图介绍给大众，截至目前有七本，我简单归纳如下：

人类图·知识类

《活出你的天赋才华》——针对人类图体系的36条通道，以深入浅出的方式来说明，让你了解自己的天赋才华。看一看世界上有哪些名人与你拥有同样的通道，他们如何善用自己的天赋并活出自己。

《人类图——区分的科学》——人类图总部（Jovian Archive）唯一授权定本，本书涵盖人类图概论与基础知识，由祖师爷拉·乌卢·胡（Ra Uru Hu）正式授权铃达·布乃尔老师（Lynda Bunnell）编著，由我（乔宜思）翻译及审定，这是市面上最详尽、最正确，并且全面揭示人类图知识体系的一本书。

人类图·实证类

《回到你的内在权威》——以全球首位华人人类图分析师乔宜思（又是我）一路学习人类图、了解自己的去制约之旅为主轴，将人类图深奥的专业知识，以好读易懂的故事说给你听。

《一个人的革命——人类图去制约之旅》——这是美国首任人类图分部总监、全球人类图社群资深讲师玛丽·安老师，如何运用荐骨的回应，将人类图知识落实在每一天的生活中，人生从此蜕变的精彩故事。

人类图·疗愈类

《爱自己，别无选择——人类图气象报告1》——这是来自人类图的提醒，集结我过去数年来，每日观察流日变化的心得，每一天，练习跟自己在一起。

《爱的秘密——人类图气象报告2》——关于爱的想法、爱的经历、爱的主题，集结人类图气象报告和与爱相关的文章，每一天，练习缝合你的心。

最新推出的这一本是《人类图入门篇》，这是亚洲人类图学院系列丛书的第七本书，希望这本书会是你理解人类图的第一步，一个美妙愉悦的起点。

在我们进入知识量庞大的《人类图——区分的科学》之前，在你渴望通过《活出你的天赋才华》找到自身的天赋之前，在你翻着我写的故事《回到你的内在权威》，在你读着《爱自己，别无选择》与《爱的秘密》，觉得这些文字似乎洞悉你的喜怒哀乐，像对你说话的时候，我希望《人类图入门篇》会是一本好读好看又好懂的书，告诉你人类图是什么，让你开始懂得自己，看见并拥抱自己的美。

十年前，当我遇见人类图的时候，当时的我激动又快乐，我跟周围的朋友说："这是我这一辈子等待已久、终于遇见的宝物，人类图是我心中的宝剑，就算二十年磨一剑，也在所不惜。剑不怕磨，愈磨愈亮；人不怕磨，愈磨愈强。"

言犹在耳，二十年磨一剑，转瞬间十年已经过去。

学无止境，够不够亮不知道，但目前看来这把剑永远可以继续磨下去。我不怕磨，只希望自己能愈磨愈强大，燃烧生命，贡献一己之力，引发更多人，将人类图发扬光大。期待更多人能以崭新的观点，重新认识自己,活出自己,同时理解别人,进而尊重彼此,那会是多么有意义的一件事,那会是多么不同的美好世界。

我要特别谢谢本事出版社的喻小敏女士、林毓瑜女士,是她们的远见、认真与努力,让这本书得以诞生。最后,我想将这本书献给祖师爷拉·乌卢·胡,他是传讯者,也是源头。谢谢你,拉。

推荐序

一切，都是为了让你的人生由红灯转绿灯
我眼中的乔宜思

林福益 Alex Lin

（投射者，人类图分析师、亚洲首位人类图 BG5 职场咨询解读分析师）

乔宜思邀请我为这本书写序，我想了又想，我想聊聊我眼中的她——我老婆的几个小故事。

她说过，她小时候很喜欢玩一个叫作"红绿灯"的游戏，游戏规则是由一个人当"鬼"，其他人可以自由地跑来跑去，"鬼"可以抓人，被抓到的人就要换成"鬼"，但这游戏有个有趣的规定，如果你快被"鬼"抓到了，你可以选择大喊"红灯"，喊完红灯之后，"鬼"不能抓你，但是你也不能继续奔跑，你得停留在原地，等待有人跑过来碰你一下说"绿灯"，你才能恢复自由，继续奔跑。她说自己从小对这个游戏很着迷，每一次，当她跑到另一个亮起红灯的人身边，让对方恢复成绿灯，再次恢复畅行无阻的状态，内心就会有种莫名的喜悦。

在我认识她之前，她在十九岁时随着家人移民新西兰，在当地念完大学后也顺利找到工作，但是她心中一直有个声音不断响起：

"你要回亚洲做一件事情。你要回亚洲做一件事情。你要回亚洲做一件事情。"她告诉我，虽然当时并不知道回亚洲究竟要做什么事，还是忍不住回应了内心的呼唤，选择回到台湾地区来。

回台湾地区后，她进了外企上班，也在广告公司工作过，上完一些自我探索课程之后，遇见了我，她决定转行从事即席口译的工作，然后我们结婚、生小孩，我看着原本是一个女强人的她，选择成为全职妈妈，我看着她从怀孕到生小孩、养育小孩的过程，像是掉落在一个没有尽头的深渊。这些经历让她不断重新思考着，自己的人生到底有什么意义，而在我们的女儿刚满一岁时，她遇到了人类图。

我们一起去上的第一堂人类图课程。上完课后，她告诉我："老公，我想要研究这个，虽然我还不太清楚这是什么，但是我很想搞懂它！这似乎就是我回亚洲要做的那件事情。"接着，我们上网搜集资料，发现人类图有七个阶段的课程，全部学完要三年半左右的时间，还要投入一笔不小的费用，她很苦恼。我当时告诉她："如果这是你喜欢的东西，就去学！我支持你！费用我们还负担得起，就算学完后不知道会如何也没关系，如果你想做，就放手去做吧。"

我认为就算没念完，没当上分析师，就当是培养个兴趣也很好，但是她可不这样想，她开始了三年半马拉松似的七阶课程。由于要与国外联机上课，而上课时间不是凌晨一两点，就是凌晨三四点，有时候女儿半夜哭了，她就抱着女儿一起上课。后来怀上双胞胎，她又挺着大肚子，半夜独自面对计算机屏幕，完成课程并通过认证，终于成为第一个会讲中文的人类图分析师。

这一路上，我一直在她身边，陪她哭哭笑笑，我知道她找到自己最想做的事，我更清楚她对这件事情有多坚持、有多顽固，加上她的困顿挣扎通道，她内心感觉苦、感觉纠结的时候，我就是她倾诉的垃圾桶。

学习人类图，把她的红灯转成绿灯了，她就成为分析师，开始做个案解读。她常常在做完个案之后，兴奋地告诉我，原本这些个案，他们正面临人生关卡、挫折跟困难，不知道该怎么办，在她讲解完人类图后，对方好像重新获得力量，知道怎么走下一步了，她又有那种小时候玩游戏时，协助别人回到绿灯畅行无阻时，内心涌现的快乐感受。

我很替她高兴，我当然知道这件事情一点都不容易。

我怎么知道？因为我是她的第一只小白鼠！由于人类图起源的语言是英文，因此要完全了解真正的意思，常常需要多次推敲，她总会认真询问各种不同人类图设计的朋友，通过聊天、分享，不断思考，试着使用适当的词汇，试图翻译成中文来表达出正确的意思。在研究的过程中，她常常苦思一段话，不断深入，想了解其中的真义。她经过一段时间研究后，我常常会听见她说："啊！我懂了！"然后她会将她理解的意思告诉我。如果我听不懂，她就会再试着以更浅显易懂的方式，来让我明白。她就这样不断思考，不停尝试，我知道她在努力，她渴望将原本艰深晦涩的一切，转化为简单的方式来表达，让大家都听得懂。

她之前写过《活出你的天赋才华》《回到你的内在权威》《爱自己，别无选择》三本人类图的书，也翻译了人类图圣经《人类图——区分的科学》，但还是常常会听到有人说，人类图好难，看不懂这张图。所以这一次，她挑战自己，以更简单直白的方式，来写这本《人类图入门篇》，希望能有更多人轻松地进入人类图的世界。

读完这本书后，我知道她做到了。而她又开始忙着翻译下一本教材，准备下一本书、下一个项目，她要回来亚洲做的事，要完成的待办事项真的很多。

人类图的发明人拉在第一阶课程中，形容人类图像是一片海洋，而人类图的第一阶课程，就像是大家一起在岸边捡捡贝壳而已。人类图是一门博大精深的学问，除了能让你了解自己，也能协助你了解别人，进而创建更好的关系，另外，它也有爱情、教养、职场、金钱、饮食等相关内容，面对这片汪洋，有人想捡捡贝壳，有人想成为海洋学家，有人只想看看海，每个人都有自己的步调。

而这本《人类图入门篇》是一本入门书，我很高兴我老婆写完了这本书。欢迎你通过它，开始了解人类图，与我们一起进入人类图的奇妙世界。

第一章

认识能量场

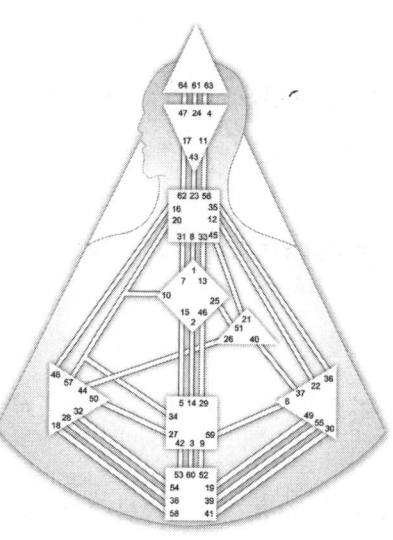

"能量场"是人类图的基本概念,每个人都有自己的能量场,就像专属于你的气场或磁场。

关于能量场，
大家最常有的疑问是……

☉ 人类图中提到的能量场，每个人都有吗？这对自己或别人有什么影响呢？

⊕ 一个人的能量场的范围有多广？每个人的能量场范围都一样吗？

☽ 能量场会影响到一个人如何生活、如何做决定吗？

☿ 能量场会受到大环境或者日月星辰的影响吗？

图 1　每个人都有能量场

不同类型的人,其能量场的形态也不同。人类图将人分成四种类型:显示者、生产者、投射者、反映者。

认识能量场

每个人都有属于自己的能量场

"能量场"是人类图的基本概念，以此为基础，确定了每种类型的本质。每个人都有属于自己的能量场，即使肉眼看不见，但是你的能量场，就像专属于你的气场或磁场。当我们进入彼此的能量场，无须言语，我们就可以感受到对方是什么样的人，也多少能体验对方当下的状态。

听起来很玄？其实不然。每个人所散发出来的能量场都很强大，我们的能量场在无形中交流并沟通着，人与人之间要彼此了解，不仅止于言语交谈，还有在能量场上的相互交流。每个人的能量场，是以两倍手臂长为半径，绕成一个立体的球体，这是每个人能量场所涵盖的范围。不管你走到哪里，不管你是睡着、醒着、说话或沉默，都在自己的能量场里。

为什么在人类图的世界里，能量场的概念这么重要？

因为每个人都以自己的能量场影响着别人，同时也接收着来自别人能量场的影响。所谓近朱者赤，近墨者黑，若以人类图体系的观点来诠释，等同于人与人之间的能量场相互引发、相互影响。换句话说，当一个人处于挫败与愤怒的情绪之中，就算他不发一语，周围的人也会很容易莫名地感受到一股挫败与愤怒的情绪；反之，若一个人的状态平和喜悦，在他的身边也会让人感受到平和与喜悦。我们身而为人，各自有各自的能量场，不断相互影响，时而相互激励提升，时而彼此拉扯沉沦。若你了解这一点，就能明白当你与不同的人相处时，为何会引发出自己各个面向的性格与情绪，一切皆是能量场相互引发的缘故。

除了人与人之间的能量场会相互引发，我们的能量场，也会无时无刻不接收来自宇宙星体的影响，简单来说，当宇宙星体行至不同位置，也会引发人类改变，并使人们拥有不同的体验与感受。而这也就是人类图所指的流年或流日所带来的影响。

由于每个人都有属于自己的能量场，人与人之间的能量场相互引发，同时也会随着宇宙星体运转，有其时序渐进。这就像是每个人自成小宇宙，而每个小宇宙又将顺应整体之流，在其轨道上顺畅运行。若以整体宇宙更高秩序的观点来看，没有人是遗世独立的，也没有人会落单，我们各自运作，每个存在共同组成整体机制，宛如天上繁星，相互辉映，织就一整片星空。

每种类型的人，能量场都不同

不同类型的人，其能量场的形态也不同。

若处于正面且健康的状态，显示者的能量场会是平和的，生产者则是满足又充满成就感的，投射者会传递出成功的能量场，反映者则是惊喜。反之，若在负面又混乱的状态下，显示者的能量场会充满愤怒，生产者则是挫败，投射者尝到的尽是苦涩的滋味，当整体环境充斥着愤怒、挫败与苦涩时，反映者会不断体验到失望，也不令人意外。

由于不同类型的人，有不同的能量场，因此在面临人生各种决定时，也会有不同的策略来应对。当你一开始接触人类图时，一定会常常听到这句话："回到你的内在权威与策略"，这句话是人类图整体体系的主轴。当你回归自己的内在权威与策略，你的能量场会是健康的；反之，若你不断做出违背自己本质的决定，你的能量场会是混乱的。

你想活在一个平和、满足、成功与惊喜的世界吗？你是否感受到现今的世界，充斥着愤怒、挫败、苦涩与失望？不管你是哪种类型的人，你的能量场都会在无形中，影响并牵动着整体世界所呈现的样貌。

请回到你的内在权威与策略，来做决定。

每一个正确的决定将引导你，迎向下一个契机，进而走上属于你的人生旅程。这是一趟旅程，也是一场学习，在我们学习如何接纳自己、爱自己、活出你的本质，全然展现自己的同时，我们也将一起创造出一个更美好的世界。

心想事成的通关密码

每一个人都有属于自己的人生道路，你所走的每一步、所遇见的每一次机会、所做的每一个选择，只需回到属于你的策略（第二章的你的类型与策略），依循你的内在权威（第四章的内在权威）来做决定，就能发挥你的才能（第六章的通道与闸门）。这一路上你将学习关于自己的课题，若能了解自己如何接收来自外在的影响，你就会明白混乱里所蕴藏的智慧（第三章的九大能量中心），你会以自己的方式，顺利与外界建立正确的关系（第五章的十二种人生角色）。当你回归内在权威与策略时，你的能量场将健康运作，自然而然能吸引正确的人、事、物来到身旁，这就是吸引力法则的体现。我们会在对的时间点，处于对的地点，与对的人相遇，做对的事情，进而实践并体验这一生，完成属于你的人生使命（第七章的定义与轮回交叉）。

人生是一趟旅程，这一路上分成许多阶段，也必然会出现许多关卡，能让你顺利通关的唯一密语，就是"内在权威与策略"，当你做出正确的决定，行走在属于你的轨道上，因缘俱足，正确的机会将迎面而来，你只需体验这趟旅程，享受不费力的人生。

当你领悟到这一点，你对生命会有不同层次的观点与体验。

你在人生中所遇见的人，所经历的事件，所感受到的痛苦与快乐、悲伤与喜悦，皆非偶然，你可以逆流而上，活得拼命而艰苦，也可以顺流而行，看待人生大大小小诸多事件，它们如同卷轴般依序在你面前展开。有朝一日当你走完整趟生命旅程，你才发现自己已然圆满地完成了此生的人生使命。

每一个人的生命看似微小，却在整个宇宙的大轮轴中扮演着不可或缺的角色，若能活出自己独一无二的人生，就会充满爱、平和与喜悦。

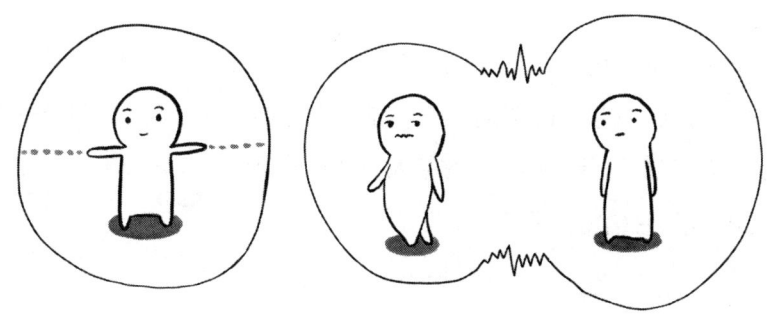

我们每个人都有各自的能量场，不断相互影响，你的能量场会说话。

关于能量场

·每个人都有自己的能量场，它的范围是以两倍手臂长为半径，环绕成一个立体的球体，这就是你的能量场的大小。任何人只要进入你的能量场范围内，你们就会彼此影响，或互相引发，这能解释为什么你会觉得有些人与你特别"投缘"，有些人会莫名其妙让你"焦躁"，这都是能量场的相互作用。

·若能活出自己，做出正确的决定，能量场便呈现健康的状态，当每一个人的能量场都很健康，整个地球的能量场才会健康。

Q：人与人之间的能量场会相互引发，但是能量场的大小，只有那么大而已吗？难道能量场不会通过打电话、发送短信而传递吗？为什么我有时候接到某个人的电话／短信，就会莫名发怒呢？难道对方的能量场会通过电话／短信传递过来吗？

A：能量场的范围有限，若你发现自己因为电话另一端所传来的声音或手机所收到的讯息而起反应，那并不见得是来自彼此能量场的影响，被引发的可能是你体内对某人所储存的记忆，或过往的自动化行为所引发的自动化反应。

> 人类图使用者分享

认识自己，也开始尊重别人的设计

欧内斯特（Ernest），广告客户执行、生产者

人类图除了让我重新认识自己，也让我开始从不同的角度看待周遭的人，尤其是必须密切互动却……呃，不喜欢的人，比如我的同事。

我的同事和我是两种完全不同的人。他动作快，老板的命令才说出口，下一秒钟他人就冲出去了，我则需要缜密计划，确保每一步都不出错，而且一定完美落地；他的情绪阴晴不定，三不五时就板着一张脸，是哪里惹了他，他也不说，我只好扮出一张比他更臭的脸；他讲话常常不知是什么神逻辑，我听了就火大，虽然有时不无道理，还妙语如珠，令大家印象深刻，相形之下，我深刻思考后的看法，说完后大家常常一片静默；他其实悲观负面，一有不顺的事情，就往死胡同钻，我则正面乐观，却反而被他讥笑涉世未深、命太好。

我们一起工作了好多年，时不时就冷战不说话，反正话不投机半句多，我很痛苦，我想他也很受折磨吧！除此之外，他的工作模式、个人风格，种种的一切让他看起来似乎是个做事的人，其实最后还不都是我把案子搞定，打磨擦亮，不然怎么拿得出去！这是让我最觉得愤愤不平的地方。一直到我开始学人类图。

原来，我们真的完全不一样！他动作快，是因为他承受不了压力，

一有压力，就想赶快排除，而我的设计却是抗压的，我的存在对他就是压力。他有时心情不好，其实是因为他的情绪有周期起伏，情绪低点时，心情就低落，我的情绪则平静无波，容易受他影响，我看他不开心，以为他对我有意见闷着不说，我就也摆张臭脸回应他，其实反而让他的心情更沉重。这些，完全是能量场彼此相互引发的结果。

因此，我开始尝试用不同的方式来相处。我们的工作并不一定要在办公室里做，当我察觉到他压力很大、躁动不安时，我就会到外面的咖啡厅去工作，或索性在家上班。他心情不好，我会在心里告诉自己，他的情绪周期又到低点了，随他去，不要受影响。如果我真的也受不了，我会去外面散散步、喘口气。

他讲话常常会让我发火，这是因为他有一个设计，他认为最好的运作状况是需要被邀请再说出来，说出口的话才会被珍惜和重视。的确也是，他有些想法是我常常想不到的，因此，我开始主动问他，我们的互动产生了正向的循环。至于他的悲观和负面，那是属于他的设计，自有其机制运作的道理，既然不属于我，我不受影响就是了。

就这样实验下来，现在我们的工作关系非常好，甚至我觉得我们是最佳拍档。我做事起步慢，因为我要想通才能开始，一旦开始做就很快，但他是耐不住性子的，一定要马上做。因此，我们的分工就变成他先做，我再来修，虽然每个案子的工时不见得真的缩短多少，但是我却有更多时间可以在细节上琢磨得更好，以提高案子达标的概率。

而这一切，并不是学了人类图之后马上开始的。刚接触人类图的时候，看着别人的图，我的内心满是羡慕，多么希望自己也有那个通道、那样的设计，有一段时间，我对同事的感受就是那样，只是在职场上羡慕的心态质变成竞争的心理。转变的关键在于，当我开始尊重我自己的设计，无条件接受我就是这样的人时，我也才能开始尊重他的设计，接受他这个人，我们的关系，因此有了全新的可能性。

> 人类图使用者分享

原来争吵只是能量场的相互引发

康尼·庞（Connie Pun），售货员、生产者

我是从上乔宜思的"爱的秘密"课程开始认识人类图的，因为每个女孩子都会好奇爱情中到底有什么秘密吧！上课时看到一幅人形图案，里面有9个不同形状的方块和三角形代表九大能量中心，而每一个能量中心都有各自不同的意思！在课堂上，乔宜思说每个人都有自己的能量场，范围是以将手臂伸直乘以二的长度为直径画的一个大圆圈。当别人进入你的大圆圈时就等于进入你的能量场，你们两者之间的能量场会互相影响引发。而九大能量中心中，若有某个能量中心是空白的，便会受到有颜色的能量中心两倍的影响（例如空白情绪中心与有颜色的情绪中心），当时我听到真的好惊讶！因为我的情绪中心是空白的，我男朋友的是有颜色的，所以他的情绪有周期起伏。当我们在一起时，由于能量场互相影响，我经常会感受到自己的情绪激烈起伏。但当我离开他的能量场，自己独处时就很快恢复平静！

当时觉得非常莫名其妙，但当我学习到人类图能量场时，我才发现原来是空白情绪中心的我被他影响，于是情绪开始起伏！有趣的是，我和男朋友很少吵架，但一旦吵架，我平常根本没想说的话，便会狠狠地说出口，吵起来一发不可收拾！原来空白情绪中心的我，平时害

怕冲突，避免说出真话，却由于受他有颜色的情绪中心引发，反而说出非常糟糕的话语！

　　认识人类图让我终于明白，我和男朋友的争吵，是能量场的相互引发，认知到这一点后我便知道，男朋友的情绪是他的，我不需要因他的情绪影响到自己！甚至到后来，我和别人相处时，也会密切察觉大家的能量场彼此之间的影响。当我理解每个人有其能量场，许多事件与火花，都是彼此能量场相互引发所造成的之后，我对人生有了更多不同以往的体验。

第二章

你的类型与策略

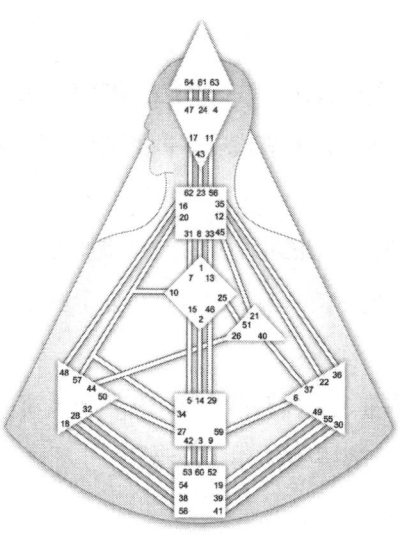

看懂人类图的第一步。
类型不同,做决定的策略也不同。

关于类型，
大家最常有的疑问是……

☉ 四种类型的人有什么不一样呢？四种类型在世界上的比例是平均分配的吗？有没有哪种类型比较好或比较特别？

⊕ 四种类型有所谓的相生相克，或者阶级排序吗？领导者或者发号施令的人会不会大多是显示者呢？

☽ 为什么我看人类图的书上都说生产者是来工作的？难道说其他三种类型都不用工作吗？

☿ 原来只有显示者能够主动发起，那其他三种类型都要被动消极地生活吗？

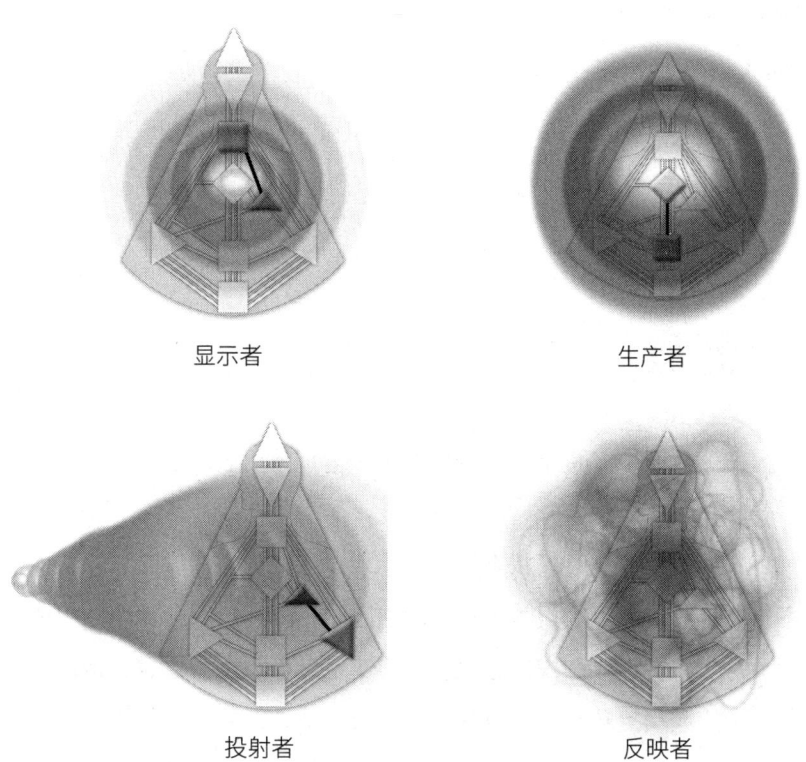

图 2　世界由四种类型的人组成

人类图将所有人分成四种类型：显示者、生产者、投射者、反映者。不同类型的能量场状态不同，做决定的方式也不一样，每种类型都有最适合自己做决定的方式。

你的类型与策略
看懂人类图的第一步

四种类型，缺一不可

人类图体系中，将所有人分成四种类型：显示者、生产者、投射者与反映者。

每一种类型的能量场状态皆不同，所以每种类型的决策方式自然会不一样，对这世界的贡献与影响，也不尽相同。这四种类型的组成比例，并非将全世界的人口除以四，事实上，绝大多数，也就是近百分之七十的人口，属于生产者的类别，换句话说，我们的世界主要由生产者的动力所组成，这是一个生产者的世界，生产者通过工作来建造世界。百分之二十一的人是投射者，他们能协助生产者使其工作得更有效率。百分之八的人是显示者，他们属于发起的那一群。剩下还有百分之一的人是反映者，反映者是环境的仲裁者，他们超然物外，呈现出身处环境的品质状态。

若将整个世界比喻成一个大轮轴，每一个人都有其位置与功用，完美的组合就是由显示者来发动，投射者引导流程，生产者提供行动力来完成工作，反映者负责提供愿景。我们只是各自扮演不同的角色，在本质上并没有高低好坏之分，没有哪种类型比较好，没有哪种类型比较烂,也没有哪种类型生来注定要受制于谁。"比较"永远是头脑层面狭隘的游戏,每个人的存在都有不可或缺的价值,若真正活出自己,就能超越狭隘"比较"的范畴。

这道理正如祖师爷拉所说:"在人类图的世界里,没有人的生命是残缺的,也没有人注定会一辈子行不通,没有人是坏的、糟的、烂的又或是沉重不堪的。在人类图的世界里没有教条,也没有所谓的道德规范,你不会找到什么好坏对错,只要允许自己去发现,并且记得,每一个人都是如此独一无二的存在,只要你活出自己真实的模样,很多事情其实并不重要,一切就是如此完美,只要你活出自己,你就会明白,完美对你而言是什么,你会看见,自己的美。"(拉·乌卢·胡,亚利桑那州圣多娜,1997年6月)

类型只是代表我们各自的能量场不同,具备不同的功能,能为世界带来不同的贡献。不同类型的人会有不同的策略,所谓的策略就是做决定的方式,当你知道自己属于哪种类型,就会知道属于你的人生策略是什么,那就是最适合你做决定的方式。了解自己之后,你也会开始懂得尊重别人做决定的方式,彼此关系会变得更好,世界自然能运作得更顺畅。

显示者

你有没有发挥影响力？
这世界有没有因你而不同？

显示者的定义
从显示者星球来的你，感觉自己像个外星人？

身为显示者的你，有没有感觉到自己似乎与这个世界格格不入？会有这样的感受并非意外，想想看，全世界人口中只有百分之八是显示者，显示者活在一个大多数为生产者所组成的世界里，活脱脱就像是你们来自显示者星球，降落在生产者所占据的地球上。显示者先天的本质，与绝大多数爱工作的生产者很不一样，显示者的能量场是封闭、叛逆、向外扩张的。显示者非常独特、鹤立鸡群、引人注目，但同时，在能量场的层面上，却无法与其他类型的人开放交流，这就是为什么外界容易觉得你们难以捉摸，甚至不知该如何与你们相处。

显示者在这世界上，是唯一能主动发起的类型，发起意味着显示者可以从无到有，登高一呼，引发众人，发挥自身的影响力。他们是人类对领导者所认知的原型——有能力独立完成，发起行动并影响众人，他们总是如此充满魅力，他们所说的话铿锵有力，他们积极前进，掀起风潮，风靡众人，世界从此而不同。

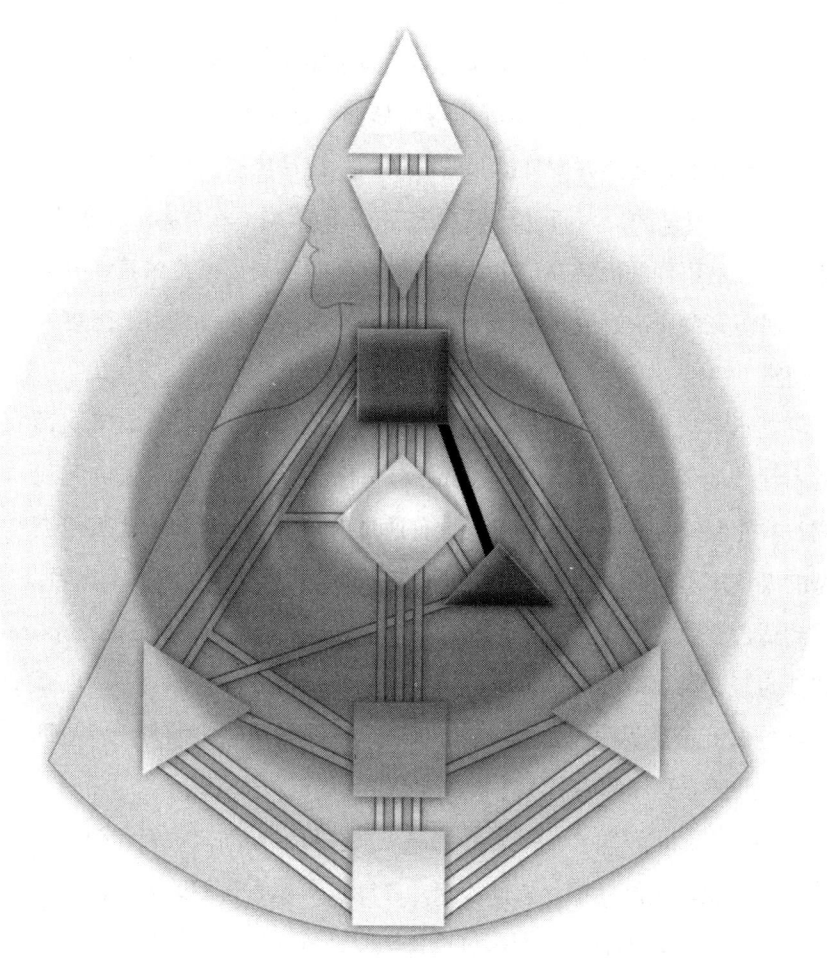

图 3 显示者的能量场

显示者的能量场封闭、叛逆、向外扩张,他们占全世界百分之八的人口。

显示者的策略是告知

显示者的策略是告知。发起是显示者会做的事，若再"告知"相关的人，就会让发起的一切运作得更顺畅。这是非常重要的人生策略，由于显示者封闭并向外扩张的能量场，容易让旁人莫名感到被攻击，甚至备受威胁，因而引发出恐惧或抗拒的情绪，就算本来没恶意，却因为相互不理解而容易产生误解。当显示者感到自己莫名其妙被排挤，他们又会再次感受到自己是如此格格不入，结果就会引发出更大的愤怒。

显示者要告知的人生策略，极可能违背他们想做就做、直接发起的本性，他们对此也会不时冒出疑惑："我告知之后，会有人响应我吗？我能影响更多人吗？"但也唯有通过告知，显示者才能让其他类型的人，知道他们正在想什么，以及接下来要做什么，进而相互配合，找到适合彼此的相处之道。告知的策略有助于显示者与外界建立关系。告知也是一种展现尊重的方式，当显示者主动告知，其他类型的人就能预先做准备，明白该如何与显示者互动，这个过程中的每一步，都能为彼此建立更深厚的信任感。

显示者们，不管你们要做任何决定，请将你们的决定告知相关人等，以开放的态度厘清，如此一来，才能以平和且有效的方式，正向地与人沟通，这也能让你们在付诸行动时，减少不必要的阻力。告知是极为有效的方式，让显示者得以发挥自己的影响力。

给显示者的提醒

许多时候显示者不愿告知，或忘记告知，是因为并不理解自己给别人所带来的影响，或许认为自己的决定与其他人没有什么关系，以为对其他人来说无关紧要，又或者，会认为"这么明显的事情，不必我说，他们应该都知道了吧"。但是在日常生活中会有一而再，再而三的事情验证，若显示者未事先告知，往往会让周围的人，感到无比惊慌、愤怒，甚至为此受苦。

显示者的策略是告知，显示者告知时，并不等同于请求允许，告知单纯是传递讯息，并非寻求他人认同或赞同。一开始当显示者练习告知时，对方也不见得会立刻同意，但是经由一次又一次的告知，显示者会发现自己愈来愈能理解别人，渐渐也能与他人达成共识与默契。外界也能根据显示者所告知的一切，逐步调整与显示者的相处模式，对显示者的抗拒程度也将大幅降低。事情将朝行得通的方向发展，而显示者也能获得内心渴望的平和。

显示者虽然具有反叛的能量场，但并不等同于他们的行为会乖张失控，事实上，若是显示者明白告知的必要性，也认同团体所制定的运作规则，他们会尊重并遵守这些规则。但前提是要公平，显示者遵守了，其余的人也要遵守才行，否则又会再次引发他们内在的愤怒，会让他们愤而推翻既定规则，因为这一切并不公平。

非自己的显示者容易愤怒

非自己的意思是，若一个人只以脑袋层面的思维来做决定，而没有回到自己的内在权威与策略，就容易受困在特定的负面情绪之中。而显示者受困于非自己时，最常出现的情绪是愤怒。

若他们不告知，就容易引发周围的抗拒，导致处处受限，面对生命中排山倒海的诸多限制，会让他们误以为自己无能为力，也无计可施，再一次愤怒不已。原本可以活得光芒万丈的显示者，反倒变得退缩、放弃、黯淡无光，而长时间处于非自己状态的显示者，倾向于将自己伪装成不断拼命执行的生产者，或变得消极，不再主动发起，不再相信自己可以发挥影响力，也不再认为自己可以让这世界有所不同。在此建议长久被制约，并为此受苦的显示者，可以开始尝试追求自己真正想做的事，在做出任何决定之前，记得要先告知，在这段去制约的过程中，四周的阻力会逐渐消弭，而显示者也将重新夺回自己人生的主导权。

> **小提醒**
>
> 　　四种类型的人都各自有一个非自己主题，当没有回到内在权威与策略时，容易在生活中有以下的感受：
>
> 显示者：愤怒
>
> 生产者：挫败
>
> 投射者：苦涩
>
> 反映者：失望

显示者的能量场是封闭、叛逆、向外扩张的。

显示者在做任何事情之前,请多多告知与此事相关的人,如此一来,才能发挥其影响力。

关于显示者

- 显示者的能量场是封闭、叛逆且向外扩张的，在一个以生产者为主的地球上，显示者显得非常独特。
- 在四种类型中，显示者是唯一能主动发起的类型，也就是说他们无须等待回应，可以从无到有，登高一呼。
- 显示者的策略是告知，对于被自己的决定而影响的相关人等，都要告知，才能真正发挥其影响力。

Q：光芒万丈的显示者感觉好有魅力，可是为什么我遇到的显示者都不是这样呢？

A：显示者处于一个大多数人是生产者的世界里，从小极容易被制约成生产者的模式而不自知。若缺乏正确的引导与教养方式，甚至处处被压抑，那么长大后的显示者，极可能朝着极端发展。他们可能会变得过度顺从，内心破碎，也有可能变得极度叛逆，呈现失控的状态，或者干脆伪装成生产者，但内心却无来由地充满愤怒。每个显示者都有自己发挥影响力的方式，但唯有回到自己的内在权威与策略，活出自己，才会让人感受到他们的魅力。

Q：告知为什么对显示者这么重要？

A：因为显示者的能量场是封闭而叛逆的，当他们要做一件事而直接诉诸行动时，周遭的人往往无法通过能量场，去感受他们的目的或状态。若能事先告知，便可降低周遭的人对未知与不确定性所产生的抗拒与不满。

显示者非自己时往往会愤怒，而最终目标是平和。

生产者
打造世界的伟大创造者

生产者的定义
劲量电池，源源不绝来自荐骨的动力

　　如何判断这张人类图是不是生产者？很简单，下页那块方方正正的荐骨中心，若是被启动了，被涂上了红通通的颜色，这就是一个不折不扣的生产者的设计。什么？你的图就是这样？太棒了！你是生来建造这个世界的伟大创造者，嗯，工人？是呀，你是个安上强力劲量电池、动力源源不绝的伟大工作者。

　　很多人对荐骨中心很好奇，简单来说在人类图的世界里，荐骨是强而有力的动力机，充满工作与性的动力，这是一股巨大的创造力，而荐骨中心被启动的生产者，天生配备了荐骨的能量，这股动能驱策着每个生产者，让他们有种停不下来、一直想做些什么的冲动，这让他们不断辛勤工作，累积各式各样的成就，就这样建造出整个世界。

　　对生产者而言，活在这世界上最大的乐趣，莫过于每天善用自己的荐骨动力，乐在工作，从中获得满足感与成就感。也因此，对生产者而言，了解自己是必要的，唯有了解自己，懂得善用自身才能，找到自己真心想做的事，快乐地投入工作，大展身手，才能建立属于自己的王国。

图 4 生产者的能量场

生产者的荐骨中心（红色方形），一定要有颜色。生产者占了世界人口的百分之七十，这是一股强劲的工作动力。

生产者分成两种，即纯生产者与显示生产者，前者追求完美，后者追求效率。纯生产者缜密且挑剔，运作过程看似漫长，但一旦付诸执行，对每个步骤皆清楚仔细、反复斟酌又追求完美的结果，一旦完成几乎就是完美的作品，但是花的时间往往过于冗长。他们不求快，也不见得有效率。

至于显示生产者，则与纯生产者非常不同，他们手脚快、有效率，不见得全盘想清楚，就会直接进行，他们倾向于先求有，再求好，先做再说，所以效率惊人，只是做完之后，又常在过程中遗漏了重要细节，而需要回头补上，甚至需要"再做一次"。显示生产者要学习有耐心，才不会浪费自身的能量，否则无法聚焦，也白白浪费了这股旺盛的行动力。

显示生产者和纯生产者皆属于生产者类别，两者加起来约占全世界人口的百分之七十，两种生产者的能量场呈现开放的状态，相互流动，将一切包覆其中。生产者的策略并非主动发起，他们需要等待、回应。

到底什么是等待、回应？

"你必须询问生产者，否则无法得到任何东西。"（拉·乌卢·胡）

"等待、回应"是生产者的人生策略，而等待、回应，并不是不做任何事。生产者怎么可能不做任何事呢？他们可是怀有强大荐骨动力的类型，这股内在的动力总会让生产者做个不停。生产者的设计是等待：等待事情找上门，等待讯息出现在他们面前，等待有人以 Yes/No（是 / 否）的问题来询问他们，唯有如此，他们才有机会听见自己的荐骨所发出的声音，进而分辨自己是否接受，是否具备应有的能量，能支持自己采取行动，进而落实并实现。

荐骨回应？发出荐骨的声音？乍听之下似乎莫测高深，其实只要回想幼儿对外界事物的反应，就能理解。当幼儿尚未学习语言时，常常会不时发出单纯的"嗯！""啊！""嗯嗯！"之类，我们成人认知为语气助词的声音，这些声音其实就是人类图中所谓荐骨的声音。

身为生产者，聆听自己的荐骨，是否发出了肯定的"嗯！"或否定的"嗯……"甚至是嫌恶的"吼……"，才会明确知道自己真实的回应，而不是被头脑里唠唠叨叨、辩论不休的自我对话与各式各样的分析所绑架。许多生产者，特别是动作快、重视效率的显示生产者，当他们知道自己需要等待，而非发起的时候，忍不住会问："要是没人来问我，怎么办？""如果等了半天，什么也没发生该怎么办？""若荐骨对什么都没回应，又要怎么办？"

请放心，生产者那开放、将一切包含其中的能量场，加上动人又旺盛的荐骨生命动力，自然而然会吸引各式各样的机会上门。若你能了解等待的艺术，便能体验到凡事皆有时，通过回应，身为生产者的你，就能真实地活出自己的全貌。当生产者的荐骨发出肯定的响应，你会发现是自己真正想做这件事，而将能量投注在正确的事物上，发挥自身的才能，会让生产者感到很满足。

给生产者的提醒

不必急着发起。等待，回应，然后看看接下来会发生什么事。我们常说事缓则圆。练习有耐心，等待被询问，当你的荐骨发出声音时，你会知道真实的答案是什么。聆听自己荐骨的回应，回归内在权威与策略来做决定，这虽不容易，但并非不可能。当你开始与内在真实的自己产生连接，并且有勇气诚实响应它，你会发现自己已然步上去制约的旅程，愈来愈充满能量，焕然一新。

或许你很快就会发现，荐骨发出的回应，与脑袋里所认为的答案大不相同，这总会让生产者惊讶不已。恭喜你，这代表你开始能区分，荐骨与头脑是两种不同的运作机制。头脑善于计算分析，荐骨只是单纯地对正确事物发出回应，两者作用不同。头脑有精密的机制，善于解决与自己无关的问题，但若是关于自己的决定，身为生产者，请你等待、回应。

非自己的生产者容易感觉挫败

当生产者主动发起时，他们极容易遇到不必要的挫败，若违背荐骨的回应，强迫自己日复一日，从事不喜欢的工作，长久累积下来的挫败感，不但会使生产者变得不快乐，觉得人生无意义又空虚，也必定会对他们的身体带来伤害。

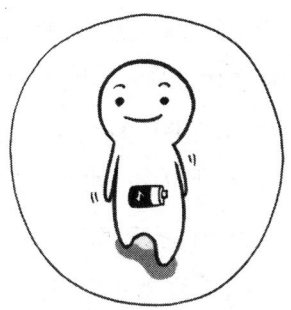

生产者的荐骨就像巨大的电池,每天提供源源不绝的动力。

生产者又分成重视完美的纯生产者与重视效率的显示生产者。

关于生产者

· 生产者是建造这世界的人,当他们从事自己所喜爱的工作并全然投入时,他们会感到满足并有成就感。所以了解自己适合从事什么样的工作,对生产者来说特别重要。

· 生产者的能量场呈现开放的状态,不必担心没有人来询问你。"等待、回应"是生产者的策略,通过荐骨所发出的声音,可以让生产者区分出自己真正想做的事是什么。

· 不管是纯生产者或显示生产者,皆属于生产者的类型。

Q:这个社会一直给人们灌输要主动积极发起的观点,可是人类图却说占了百分之七十人口的生产者要等待、回应,难道说生产者不能主动去做任何事情吗?

A:当生产者不断主动积极发起时,他们容易产生挫败感,而这也就是现今社会里绝大多数人的感受——挫败感。人类图所说的"等待、回应",并不是消极被动地什么都不做,而是谨慎地察觉自己的荐骨是否有回应,进而能妥善运用自己的能量,投注在真心喜爱的事物上。

生产者其实无时无刻不在回应,回应别人的询问,回应来自四面八方的讯息,只要回到你的内在权威与策略,确定自己有回应,就能全力以赴,达成任务,并获得满足。

以 Yes/No（是 / 否）的问题来询问生产者，让他们能听见自己的荐骨所发出的声音。

生产者若主动积极发起，容易感到挫败。等待、回应，才会让生产者将力气放在对的事情上，并因此感到很满足。

投射者
你知道自己需要被邀请吗?

投射者的定义
聪颖善观察

投射者占全世界人口的百分之二十一,他们的能量场形态宛如投影机的光束,集中、专注、自心轮向外投射,也因为如此,他们不会像生产者只把焦点放在自己身上,投射者的设计是焦点向外,关注他人,经由观察别人,研究加上学习,进而懂得了自己。

投射者活在生产者占多数的世界里。与生产者不同,他们的荐骨中心空白,并不具备生产的动力,却也因此能开放地去体验其他类型的能量状态,发展出察觉他人、整合团队、纵观全局的才能与天赋。投射者能化身为杰出的顾问、管理者与协调者,他们懂得善用每个人的能量,将对的人放在对的位置上,通过引导与布局,将能量及资源的运用极大化。

你若是个投射者,一生追求的是成功,在此所谓的成功是指尽一己之力,协助每个人都成功,如此一来,你就会觉得自己很成功。投射者是新一代的领导者,天性热心,总是渴望能协助生产者工作得更有效率。但是,在你开口指导或协助前,请牢记,身为投射者,必须等待被邀请。

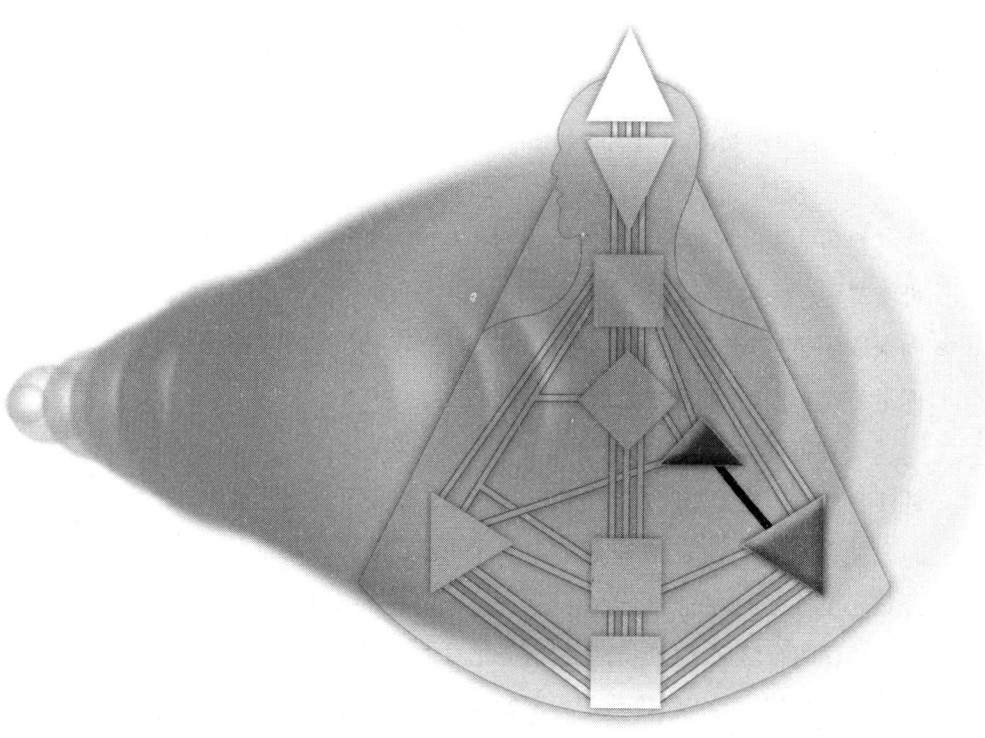

图 5　投射者的能量场

投射者焦点向外，善于观察周遭环境与人们的状态，专长是协助并支持生产者工作得更有效率。

投射者为什么要等待被邀请？

等待被邀请，是投射者的策略。

邀请在此有多种含义：代表对方真的看见了，并认可你的才能，所以发出邀请。邀请也是一个重要的指标，代表对方已经准备好与你合作，准备好听你说，所以对投射者来说，一个对的邀请，才能让自己的才华有用武之地，好好被珍惜。

换句话说，等待被邀请看似消极，其实是以退为进的有效策略。毋庸置疑，投射者希望获得成功，也懂得如何布局运作，但是若对方尚未准备好，那么来自投射者的意见、支持与引导，只会被视为啰唆而不会被重视，而这也让投射者感到很苦涩。

没有哪种类型比投射者更苦涩了，当投射者自顾自地滔滔不绝，或冷言冷语硬要强逼别人接受自己的观点，即使事后证明是对的，也只是徒劳无功，无疾而终。投射者的这些好点子、好意见，若没有被邀请，没有在正确的时机点提出来，最后只不过飘散在空中，无人理会。这样的窘境逼得投射者强迫自己化身为生产者，拼命工作，亲自执行，只是到最后，结果可能并不如预期，自己还落得很疲惫，变得苦涩、尖酸又刻薄。

换个角度来说，等待被邀请是保护投射者的机制，对的邀请是指标，投射者要遇见伯乐，才有机会充分发挥才能，迈向成功之道。

投射者所等待的邀请，主要是人生中关键的四件事：爱情和婚姻、工作和事业、居住的地点以及人脉的联结。当邀请尚未发生时，请投射者做自己真心喜爱的事情，当你平和而喜悦，整个人保持健康的状态，你存在的振动频率才不会散发出苦涩的氛围，此时正确的邀请才会出现。

给投射者的建议

投射者通过观察来学习，擅长规划与布局，乐意协助别人成功，所以若能熟悉特定体制的运作方式，就能更有效地支持别人成功，也容易吸引来正确的邀请。投射者等待的邀请，与生产者的等待、回应不同，生产者时时刻刻皆能回应，他们通过回应来行动，但是投射者所等待的是一份正式的邀请，这邀请融合了赏识、赞赏、认可与肯定，这样的邀请才能让投射者有机会连接更多的能量与资源，因而获得肯定，尝到成功的滋味。

非自己的投射者好苦涩

若投射者处于非自己的状态下，整个人就会笼罩在苦涩里，那是一种干枯、缺乏生命力的感受，夹带着冷调的愤怒闷在心中，是力不从心，也是怀才不遇，惋惜并喟叹自己的才华无人看见，无人珍惜。

若你了解身为投射者的本质，就不再勉强自己伪装成超级生产者，也不再逼自己硬装成不断发起的显示者。当你愿意顺流而行，理解自己真心喜欢的是什么，真正尊重自己，重新回归内在的平衡，静待正确的邀请到来，这看似环绕不去的苦涩感，就会逐渐消失。

关于投射者

- 投射者天生的设计是焦点向外,所以他们天生聪明、擅长观察别人,这也是他们借以了解自己的方式。
- "等待被邀请"是投射者的策略,当别人真正看到投射者的才华并提出正式邀请后,投射者才会被珍惜。
- 投射者人生中关键的四件事需要等待邀请:爱情和婚姻、工作和事业、居住的地点以及人脉的联结。

Q:投射者等待被邀请的感觉好难熬,因为不知道要等多久,投射者在等待的时候该怎么做才能忍受煎熬呢?

A:投射者在等待正确且正式的邀请到来时,请做自己真心喜欢的事情吧。画画、种花、打游戏……任何自己喜欢做的令自己感到很快乐的事情。因为这样能让投射者的能量场平和喜悦不苦涩,比较容易吸引正确的邀请出现。

投射者的能量场形态就像投影机的光束,集中专注而向外投射。

投射者请练习静待别人邀请后再回答。

对的邀请融合了赏识、赞赏、认可与肯定。投射者感受到对方看重自己,也珍惜自己。

投射者的目标是成功,但非自己时会感觉很苦涩。

反映者
随着月亮周期而运转的你

反映者的定义
每天都是全然的惊喜

反映者的人类图设计,所有能量中心皆是开放而空白的,很容易辨认。他们只占全人类的百分之一,整张图只有闸门被启动,没有固定被启动的通道,其能量场展现的方式是朦胧的,散落如月光。他们所扮演的角色也很特别,反映者能体验、反映并评断整体环境的一切。

即使他们如此敏感而敏锐,完全对外敞开,开放地接受来自外在影响的同时,其能量场却宛如不粘锅般,不见得会轻易随着混乱起舞。即便九大能量中心都空白,这并不等于他们比其他类型更脆弱,健康的反映者能清楚感受到周围环境与别人的能量场状态,并放大其振动频率,这是其他类型无法想象的特殊能力。

反映者不见得有兴趣研究自己,也不会过于关心他们对别人的影响,对他们来说,每一天都是不同的,若他们了解这一点,就能理解自己为何没有固定的运作方式,也能从试图把自己复制成生产者的困境中解脱。他们在各方面都跟别的类型不同,而别人也会感受到他们仿佛每一天都有些不一样,令人难以捉摸。

图 6 反映者的能量场

反映者的设计是,九大能量中心皆空白,流日给他们带来巨大的影响。

反映者的策略是要等待二十八天才能回应

反映者与月亮的运转紧密相关，月亮随着轨道运转，若要走完人类图的 64 个闸门，需要花上 28 天，而反映者全然敞开的设计，会随着月亮行经不同闸门，轮流形成不同的通道，这会让反映者每一天都产生全新的感受。若他们让自己有充裕的时间，完整去体验每件事，便能做出正确的决定，这也就是为什么反映者的策略，需要等一个 28 天的周期之后，再做决定。

这个过程对反映者来说，是珍贵且必要的，随着时间一天天过去，反映者的内心会愈来愈清明，正确的答案将会浮现。经过 28 天消化反刍之后，他们所做出的决定，会是真实正确的答案。若同样一个问题，过了 28 天之后，依然感到模糊不确定，或许需要经过另一次月亮周期之后，方能确定。反之，若反映者过两天就忘了此事，则表示这根本无关紧要，也无须在意。

给反映者的提醒

反映者对环境很敏感，他们宛如一面镜子，能反映出所处环境的质量与周遭人物的状态。他们需要专属的独立空间，每天都要花一段时间，与自己独处，并多多与大自然接触，好清除外界所带来的混乱。若每天能固定抽出时间静坐、冥想、以各种形式和月亮连接，也会有助于内在的平衡。对反映者来说，家人与自己的孩子是非常重要的连接，他们尤其喜爱孩子，孩子单纯的本质，让他们能与之相互映照，重新感受到每一天所带来的惊喜。

非自己的反映者容易失望

不了解自己设计的反映者容易感到失望。你极可能想要伪装成显示者、生产者或者投射者，却觉得怎么样都怪怪的，像是穿了不属于自己的戏服，格格不入。当你开始了解自己的设计，了解自己来这个世界是为了学习爱，通过体验爱，开始臣服并学习接纳这一切，而不是执着自己得"固定"成为一个什么样的人，如此一来，活着的每一天都会是崭新的体验，你也会真正感受到生命所带来的惊喜。

反映者的策略需要等待二十八天，这是月亮行经所有闸门的周期，随着时日过去，他们会有完整的体验，进而做出正确的决定。

关于反映者

- 反映者所有的能量中心都是空白的，因此缺乏固定被启动的通道。他们只占全人类的百分之一。
- 反映者很敏感，他们每一天都会受到流日影响而略有不同，别人也会觉得他们好像每天都不太一样。他们会反映出所处环境的品质，所以他们每天都要抽出时间独处，多多接触大自然，抖落外界带给他们的混乱。
- 反映者要等待28天才能做决定，因为这28天中，他们每一天都会对事情有不同的感受，若能充分等待去完整体验一件事，他们自然便能做出正确的决定。

Q：反映者因为能量中心都是空白的，他们会不会比其他类型更容易受到制约呢？

A：反映者其实没有想象中的脆弱，他们的能量场虽然完全敞开，接受外界影响，但同时也像不粘锅，不轻易受到周遭的负面影响。倒是建议敏感的反映者要多跟月亮和大自然接触，有助于保持自己内在的清透与平衡。

反映者的能量场就像不粘锅，完全对外敞开，可以接受来自外在的影响。

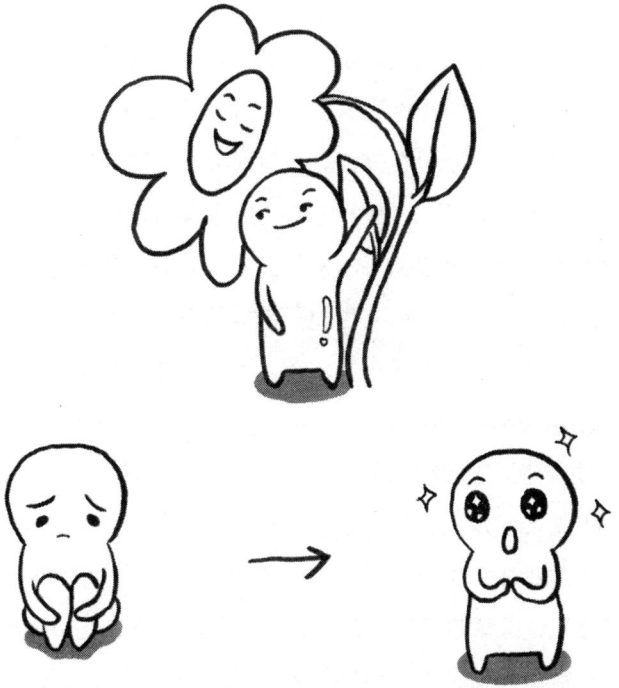

非自己的反映者容易感到失望，但只要了解自己来到这个世界是为了学习爱是什么，并接纳一切，就能感受到生命的惊喜。

> 人类图使用者分享

显示者"告知"的威力

贾斯图（Justo），研究助理、显示者

我第一次接触人类图，是读研究生期间在书店翻书时看到的。当我看到关于显示者的相关介绍时，心中产生了很大的共鸣。

不论是在家中或是在外面，大家都认为我很难相处，做事情没有条理，在团体中也被认为是个特立独行的人。的确，我有自己的主见，而且也不想要照单全收别人的意见。然而，这种性格却让其他人觉得我不太会看人家脸色，别人也搞不清楚我在想什么、想做什么或说些什么。原来这都是因为我是显示者，而由于显示者封闭能量场的原因导致我跟周遭仿佛格格不入。

不过，在那次接触到人类图之后，我也才发现显示者具有发起的能量，能在芸芸众生之中，走出一条属于自己、与众不同的道路，但在成长的过程中，会因为环境与人的制约，让显示者的光环被掩盖。看到这段我就理解自己到现在为止的人生，为何会有不顺遂的时候了。虽然我有很多想法，但还要顾及别人的感受，所以无形之中我就被制约了。

解决这个困境的方法，就只有依靠显示者的"告知"策略了，但我之前并没有用过，而且还要顾及别人的想法，"告知"对我来说实在是超级困难的事情。

不过最近，我终于成功运用"告知"策略，终结了待业期。我在一月从替代役退役后，就开始思考关于工作的事。家人的声声催促，我也听到了，却没有表示什么，因为下一阶段的人生何其重要，我自己心中也一团乱，需要长时间的沉淀、思考与放松。

七月初，家里又再次和我谈工作的事情，我终于说出我还在思考，请给我一点时间，那时我们约定八月初再来好好谈。当我说出自己的想法并得到更多时间时，我感到暂时解脱，得以再次放松，听听内心的声音。

到了七月底，我的心中终于有股声音，确定一定要找工作了，因此便在一天之内写好并把简历发送给所有人力资源网站，"告知"全天下我要找工作了，也将开始找工作的讯息"告知"家人，这时终于稍微有种稳定的感觉了。

过了几天，我的电子邮箱收到一个工作邀请，我看了看，不到几秒钟，便确定我对这份工作有兴趣，决定通知对方接受面试，也告诉家人这个消息。之后的事情进展得很顺利，面试、了解更详细的情况与环境，最后接受这份工作，终结了待业期。

在这个过程当中，我也试着练习依靠自己的情绪、内在权威等人类图的设计方法，来决定工作的事情，结果令我很满意。这次经验让我肯定：如果显示者真实感受过后想要做一件事情，那就"告知"吧，可能会有令你意想不到的结果哦。

> 人类图使用者分享

"等待、回应"
对显示生产者的重要性

艾利斯，金融业、生产者

乔宜思说过我是完美的显示生产者，重视效率、速度快，而我觉得我的速度可以那么快是因为我很会抓重点。

我任职金融业，有时候公司会定出很高的目标要求我们完成。有一次我被要求募款一个亿，从公告到完成只有一个月的时间。也就是说，我需要在四个礼拜中一一跟我的目标客户谈，说服他们转移资产，一个月内所有的钱都要汇进来，才算达成目标。别人通常都是按部就班一周一周慢慢跟客户谈，我的做事方法不同，我第一周便将目标客户全都扫一遍，最后十天再收单。我记得在最后一天的早上，我就完成目标了，这在我的同侪中是不可思议的速度。

要怎么让客户买单，怎么抓重点，当然有诀窍，我会先锁定大客户，先敲定最大笔的资金，加上有些客户是法人，金钱转移需要程序，所以一定要先进行。加上我跟客户往来多年，自然能从对方在意的点切入，沟通上会顺畅很多。募款时间若太短，我会放弃成功率不高的客户，聚焦在重点客户上，这就像一个瓶子中若先放好大石头，接着再放中等石头，瓶子很快就塞满了。

不仅工作上如此，从小我就是很会考试的小孩。我高中毕业后先工作两年才参加联考，虽然中间两年没读书，但我是以第一名的成绩考上的。我往往准备考试到一定阶段，考前就只专心做模拟试题，这样才不会因为准备要念的东西太多而迷失方向。模拟试题会很清楚地让你知道，有些重要的考题几乎每年都会出现，而哪些题目原来自己还不会。工作和念书都需要平时打好基础，但是要达成目标，一定要懂得抓重点。

就是因为显示生产者动作快，重视效率，所以"等待、回应"对我来说很困难，等待实在太痛苦了。但当我开始学习人类图后，我曾经有过一次奇妙的体验。当时有个交往五年的男友跟我提分手，我的荐骨当下没有回应，于是我要求他将分手的决定权交给我，请他每过一段时间就问我一下。直到有一天他再次问我，我突然就"嗯"地发出肯定的声音。当下听到那个声音时，我没有难过，反而内心有种笃定感。而这时距离他第一次提分手已经整整两年了。

等待的这两年很痛苦，但我也知道快速切断痛苦，之后只会更难受，说不定疗伤的时间要更久。而且后来我慢慢才了解，原来当我的荐骨发出肯定的声音时，刚好是他的官司结束，我确定他不会再为此跑法院、奔波劳累，即使离开他，自己也能真的放下心来。等待回应的这两年中，不管是心情上或者生活上都在慢慢地准备，可是如何知道自己真的已经准备好要分手，只有荐骨能给我答案。因为用什么方式分手其实很重要，等待一个好的时间点，用最好的方式回应，可以将遗憾降到最低。显示生产者容易很快说要或者不要，但如果不是出自内心的答案，只是勉强自己切断或满足别人，事后只会悔恨与付出更多时间，甚至付出更大代价。

(人类图使用者分享)

等待邀请，顺水推舟的人生

萧郁书，艺术家、投射者

我是个画家，人类图改变了我看世界的角度，让我发现原来只要照着自己的策略，人生竟然可以像顺水推舟般不费力地往前进，过程中不再有自我损耗，伴随着的是内在纯然的快乐与自在。就像这次创作《人类图入门篇》的插画，本来只是自己在人类图课堂好玩才做的笔记，却因为乔宜思看到后对画有回应，促成了我画画生涯中的第一件出版物。这一切不需计划，只靠着对的能量流动着，你的策略自然会引领你到最适合的地方。

当我还没接触人类图时，我并不知道自己是投射者，当然也就不晓得我要等待邀请。从小接受的教育，就是要我主动积极，但每当我主动发起，却经常被人忽视，没有人听见我的声音，这让我感到很苦涩、很挫败。我只能试着更用力地呐喊，试图让别人看到，但通常结果只会更挫败，我不知道自己出了什么问题，只能一直催眠自己：大家都是这样过来的，我要更努力地改变，才能成为成功、有用的人。

一直到我出车祸而受伤离职，经历了茫然空白的一年多时间，在那时我接触了人类图课程。虽然当时因为不知道未来在哪儿，而等待被邀请的过程痛苦难熬，却也让我体会到，投射者只有在做自己真心喜欢的事情时，才能忍受等待的痛苦。

那时，忧郁的情绪只有在画画的当下可以得到缓解，我把画放在网站上与朋友分享，也因为这样，2012年因缘际会我接受朋友邀请办了第一场画展。出乎意料，画展很成功，卖出很多作品。但对我来说，最大的收获是终于让一直担心我的家人放下心来，他们发现原来艺术家不会饿死，职业画家也可以是人生的一种选择。

接下来，我几乎年年都被邀请办画展，画展的成功还延伸到后续更多更重大的邀请，例如与歌手蔡健雅2016年的演唱会合作，创作作品《时间之门》，以及跟乔宜思合作，通过这本《人类图入门篇》，实现了我的出版梦。

人类图给我最深的体会是，真实比完美更有力量，臣服于自己的设计，对于生命不去设想，并静心等待别人发出正式邀请，我比以往更成功且不费力。而当你活出自己，丰盛会随之而来，让你能用你的独特自在地生活。我享受投射者不费力顺水推舟的人生。

第三章

九大能量中心

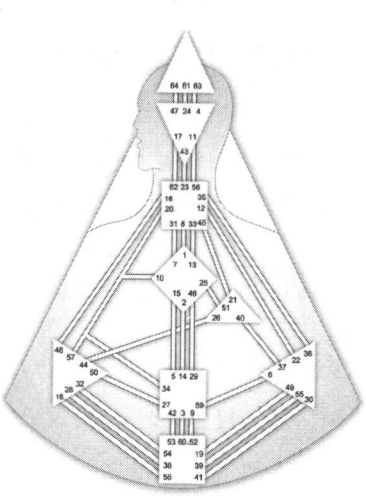

人类图上有方块、菱形、三角形的各种区块，
总共有九个，这就是九大能量中心。
它们各有其专属的功能，彼此也会相互引发影响。

关于能量中心，
大家最常有的疑问是……

☉ 为什么我有些三角形或方形有颜色，有些没有颜色？有颜色和空白是否代表什么不同的意思呢？

⊕ 有颜色的能量中心比空白的能量中心好吗？
我看到朋友的人类图能量中心几乎都是有颜色的，有颜色的区块愈多愈好吗？

☽ 如果我的人类图上空白的能量中心很多，是否表示我很容易受人影响，迷失自己呢？

☿ 我听说情绪中心空白的人很怕冲突，但忍耐很久之后又突然大爆发，我自己就是这样，别人往往被我前后的反应吓一跳，甚至认定我很情绪化。有方法克服这种情况吗？

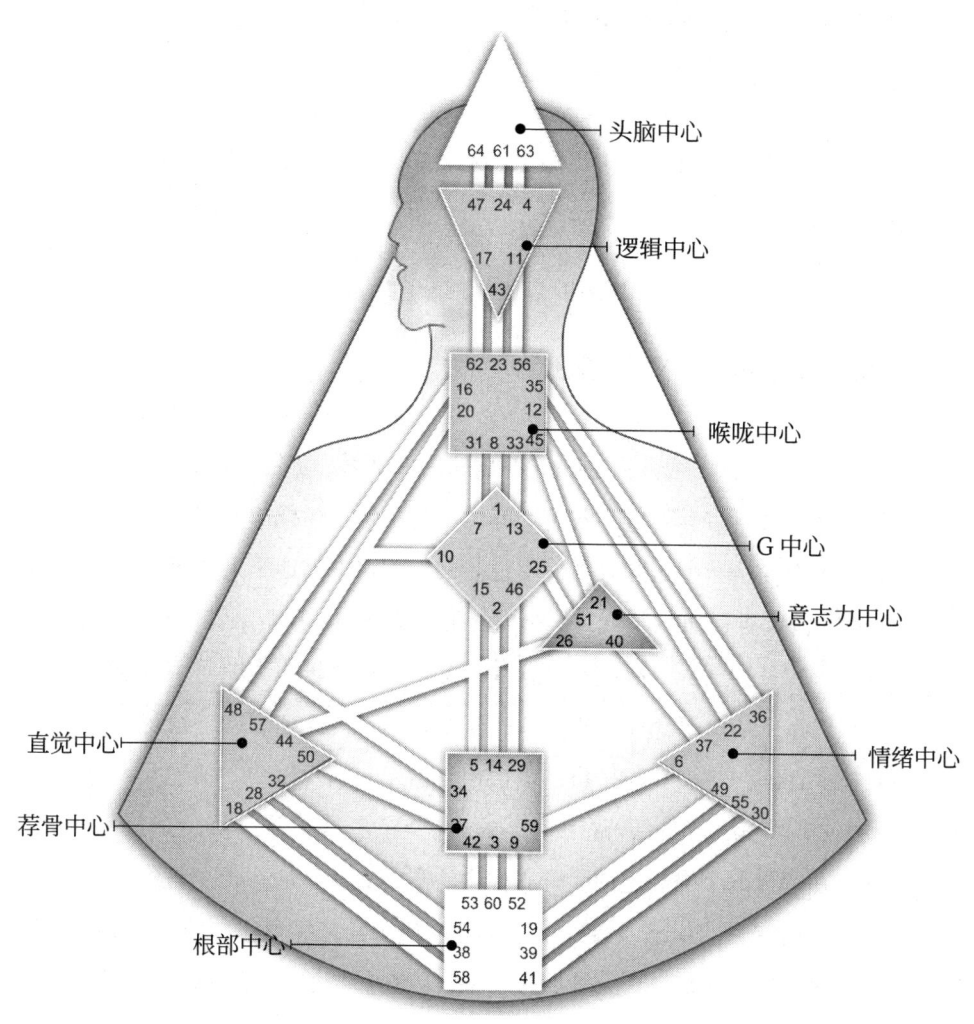

图 7 九大能量中心各司其职

能量中心，定义了独一无二的你

你的能量中心定义了你这个人

想象眼前有一张关于你的全身器官的 X 光片，五脏六腑一目了然，每个器官各自有其功用，各司其职也相互合作。同样的道理，人类图设计代表的是一个人的人生使用说明书，而居中的这张人体图，宛如一张灵魂精神层面的 X 光片。乍看之下，这张图上标明了方块、菱形、三角形的各种区块，数数看，总共有九个，这就是人类图里头所谓的九大能量中心，每个能量中心皆有其专属的功能，在生理上也有其相对应的器官，各司其职，自然也会相互引发、相互影响。关于九大能量中心的奥秘，你准备好继续往下探索了吗？

在解释每个中心之前，首先你会注意到有些区块涂上了颜色，有些则呈现空白的状态，有颜色的部分，代表着持续运作的能量中心，空白的部分，则是每个人开放接受来自外在影响的区块。这九大区块各自掌管不同的功能，就像身体各大器官都有不同的功用。九大能量中心个个都重要，缺一不可，集结成整体，简而言之，代表了一个人的情绪、生产动力、直觉、压力、意志力、爱与方向、沟通、逻辑与思考方式。

每个人的人类图上有颜色的区块，代表这些能量中心的特性是持续不断地运作，不会忽明忽暗，也不会稍纵即逝，由于稳定牢靠可信赖，也定义了你是一个什么样的人。图上那些空白的区块，则是每一个人容易受外在影响导致失衡的课题，其中蕴藏珍贵的人生智慧，静待你去体会。

有颜色的能量中心并不是比较好，空白的能量中心也不是比较惨，只是设计不同，各自有不同的课题要学习。每个人的生命形态如此独特，理解自己的能量中心运作状态是基础，是很棒的第一步，让你对自己更能心领神会。

空白中心容易掉入的陷阱

你的人类图上那些空白的区块，由于没有固定的运作方式，所以本来就是每个人开放接受来自外在的影响，或可称为容易受制约的区块。各个空白中心皆带有某种特定的课题，然后这些人生的课题总会在一个人感到混乱或不健康的时候兴风作浪，换句话说，每个空白中心所隐藏的课题很容易转化为陷阱，也是每个人最爱钻牛角尖的地方。

以下简单列出每个空白能量中心最爱受困的课题，让我们自行检测一下，哪些影响了你，哪些让你混乱不已，以致做出错误的决定。第 57 页上面的每个空白的能量中心，都有属于你的课题，你可以问问自己这些问题，检视自己当下的状态。

接下来，我们针对每个能量中心一一说明，除了解释其基本功用，也会简短说明有颜色与空白的中心，各自会有什么样的表现。请配合你自己的人类图，一起来了解你自己吧。

了解自己的人类图设计是美妙的第一步，了解之后，你才能在日常生活中，练习好好观照自己，每当混乱重现，就是让你学习人生课题的契机。非自己的混乱来自制约，要松绑并不容易，但若有能力去意识到它的存在，便能步上蜕变与新生的旅程。

> **小提醒**
>
> 每个人的空白中心是自己比较脆弱的地方，因为向外开放，所以容易受影响与混乱。头脑也会利用这些弱点而试图掌控。下页列出各个空白中心的非自己对话。请展开你的人类图，看着自己的空白能量中心，想想你是不是常为此而苦恼呢？

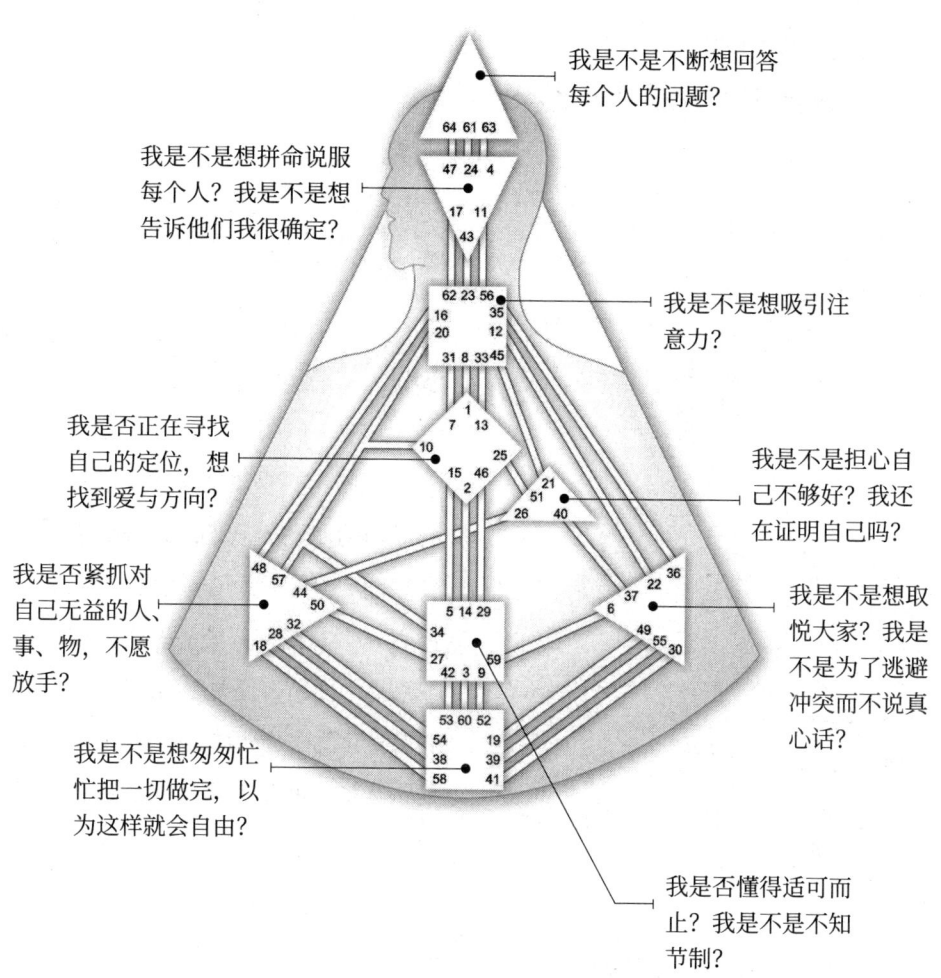

图 8　空白中心的自我对话

头脑中心和逻辑中心

人类头脑里，
灵感形成概念的生产线

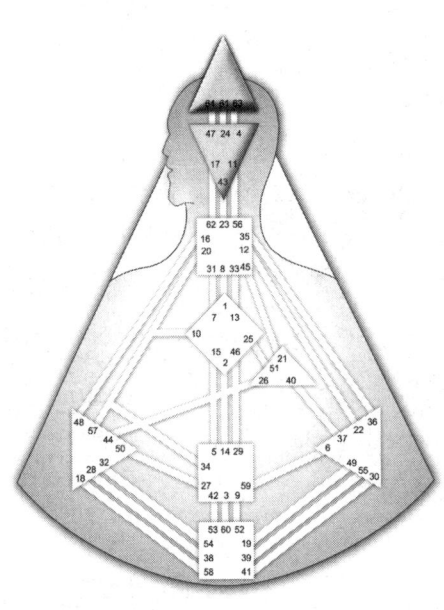

图9　头脑中心和逻辑中心

说明

　　头脑中心是灵感来源，在此有股压力驱动着我们，让我们不断想理解、思考并了解万事万物，所以才会从疑问开始，逐步发展成观点，而所有反复思索的过程，将会转化为多样化的诠释与洞见。身为人类，我们总希望能想通各式各样的事情，方能为这世界所发生的一切，找到合理的解释，就是因为有困惑，才会衍生不同的领悟和想法。

　　逻辑中心负责人类头脑中概念化的过程，能将答案转为意见、概念与理论。这是处理信息的中心，通过各种检视、比对、研究与沟通的过程，将头脑中心所产生的灵感，转化为实用的讯息。

　　头脑中心与逻辑中心，宛如大脑中灵感形成概念的一条生产线。

头脑中心是产出灵感（原料）的所在地，逻辑中心是形成概念的加工厂，灵感进入系统化的重组、添加、删减与包装，最后成型。

有颜色的头脑与逻辑中心

第 58 页人类图中有颜色的两个三角形分别是头脑中心和逻辑中心，如果你这两块都有颜色，就表示你有固定的思考模式，以及固定理解事物的方式。灵感通过头脑与逻辑中心，转化演绎出来的产品，可不是只有文字概念，还包括音乐、香气、艺术与影像。当别人聆听音符、感受香氛、体会艺术与影像时，这些产品当然已跟原本的灵感截然不同。不同生产线的作用不相同，即使两个人的头脑与逻辑中心都有颜色，也会因为各自的设计不同，接通的通道与闸门不同，而有全然不同的灵感演绎过程与产出。

空白的头脑与逻辑中心

若你的头脑与逻辑中心空白，这并非表示你不会思考，或不懂得思考，而是你本身并不具备固定的思考模式。空白的头脑中心开放、有弹性，懂得接受来自外界的引发与影响，灵感来自四面八方。

空白的逻辑中心没有固定的逻辑归纳方式，因此可以非常灵活，以各种切入点来思考，但从另一方面来说，缺乏固定的想法与思考模式，也让他们常常没有定见，无法确定，若陷入坚持自己是对的的窘境，就会从原本的弹性，反转成僵化与固执。

关于头脑与逻辑中心

- 疑问在头脑中心形成观点，目的是想理解世界上的一切事物。
- 逻辑是资讯处理中心，将头脑中心的灵感转为实用资讯。
- 头脑加上逻辑中心就像是我们体内灵感形成概念的生产线。

Q：头脑与逻辑中心有颜色的人，跟这两个能量中心空白的人的思考模式有什么不同呢？

A：头脑与逻辑中心有颜色的人，有固定产生灵感和思考的模式。空白的人想法开放，较有弹性，所以比较能接受各式各样的思维和观念。

Q：头脑与逻辑中心空白的人，若对很多事情感到无法确定是正常的吗？

A：当然！你可以试着将空白的头脑与逻辑中心想成一个空的容器，正因为它是中空的，所以能容纳各式各样的想法，灵感与概念装进来之后也能好好淘汰或调整。换言之，头脑与逻辑中心空白的人就因为不确定，反而有弹性，可以开放接受新的想法、新的思维模式，是头脑相当灵活的设计。

头脑中心空白的人没有固定的思考方式,缺点是容易混乱或感到不确定,优点是开放有弹性。

逻辑中心是信息处理中心,逻辑中心空白的人没有固定的逻辑归纳方式,若面临挑战,容易陷入坚持己见、坚持自己是对的的困境,假装自己很确定,却变得僵化又固执。

喉咙中心
通过说话与沟通来表达自己，与世界互动

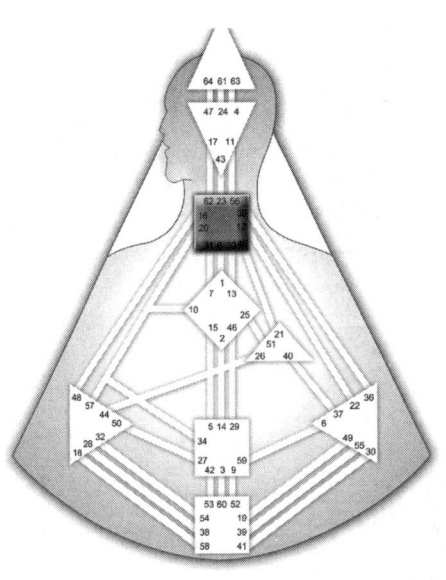

图 10　喉咙中心

说明

喉咙中心负责沟通与发起。头脑与逻辑中心所产生的灵感与想法，会通过喉咙中心来传达，通过语言，让我们能理解彼此的所思所想所感。拜喉咙中心所赐，人类才能将长久以来所累积的经验与知识，代代传承，这就是文明进展的历程。人说出口的话，如同强力射出的箭，有其去处与目的，当然也带有能量。很多时候一句话就能改变世界，说出自己的想法，是让理想成真的第一步，接下来才能影响更多人与你一起采取行动。

有颜色的喉咙中心

有颜色的喉咙中心，具有固定的沟通方式。一张人类图设计，根据其喉咙中心所接通的另一端中心为何，沟通风格就此确立。这可以说明有些人总是一开口，便充满了情感，每一句话都渲染力十足，铿锵有力；有些人说的话真诚，总是情深意挚；也有人说话的方式极具条理，专攻逻辑辩证……总之，若你的喉咙中心有颜色，这代表你有习惯的说话风格，那就是属于你的沟通方式。

空白的喉咙中心

如果你的喉咙中心是空白的，并不是你不会讲话，完全不是，这只是代表着你没有固定的沟通方式。空白也意味着极具潜能，有空间来学习以各种方式来表达，若经由后天的学习与培养，长大后往往有机会展现优异的口语能力，或滔滔雄辩或感性真诚，展现各种说话风格。有许多厉害的歌手、演说家、口译人员或脱口秀主持人，皆具备空白的喉咙中心。

有空白的喉咙中心的人要注意的地方是，因为容易接受来自外界的影响，对于沉默特别不安，会不由自主想通过发言来解除压力，也渴望吸引更多的注意力。请特别小心，不要因此而喋喋不休、脱稿演出，或者不停地讲话与发起，这只会吸引不适当的注意力，这样的沟通也不会为你加分。

关于喉咙中心

- 表达很重要，沟通很重要，人说出的每一句话都有其目的与能量。
- 喉咙中心以语言来沟通，久远的经验才能代代传承。
- 每个人的沟通方式之所以不同，是因为每个人的喉咙中心被接通的通道与被启动的闸门不同。

Q：喉咙中心有颜色的人比较会说话吗？

A：有颜色的喉咙中心代表着有固定的表达方式，相对于喉咙中心空白的人，由于后者没有固定的沟通方式，反而有机会学习以各种方式来表达，所以喉咙中心有颜色，不能与比较会说话画上等号。

Q：喉咙中心空白的人要留意沟通上的什么状况呢？

A：不要成为人群中第一个发言的人，回到你的内在权威与策略，要有自觉地发言，而不是无意识地滔滔不绝，避免引发不必要且不适当的注意力。

喉咙中心空白的人容易受到别人（如喉咙中心有颜色的人）的制约，会滔滔不绝讲个不停。

G 中心

我是谁？我要往哪里去？

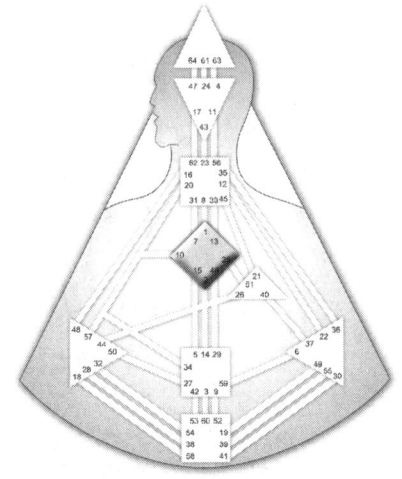

图 11　G 中心

说明

"我们来到这个世界并不是为了被爱，而是成为爱。"祖师爷拉如是说。G 中心代表爱、方向与自我定位。我是谁？什么是爱？我的人生方向在哪里？这些问题都是大学问，是许多文学作品与哲学思辨反复试图解开的谜团。人生如戏，人人皆在不同的时间空间里，粉墨登场扮演起某个角色。我们以各自的姿态体验人生，以自己的方式探索生命，寻找自己在这世界上的定位，而这一切，皆属于 G 中心所涵盖的范畴。

有颜色的 G 中心

G 中心有颜色的人，对于自己所要扮演的角色，不管喜不喜欢或擅不擅长，都有固定的看法，不会特别不舒服或感到迷惘与困惑。他们通常能自在地爱自己，并展现对别人的爱，但这并不等于，他们从未在自我定位或爱的相关课题上感到困扰。他们也会经历探索自我的过程，但这个课题并不会一直困扰着他们。当他们回到内在权威与策略，这困扰终会消失。

空白的 G 中心

　　G 中心空白的人，对自己的自我定位缺乏固定的看法，也因此，对于自己在工作与爱情里所扮演的各种角色，难免会萌生不确定之感，即使很喜欢这份工作，或很爱眼前的这个人，不确定感依旧存在。这也不难理解他们为什么喜欢自我探索，也花很多功夫来研究与自我相关的课题。然而，如果他们能让人生如滚动条般在面前展开，他们就能在各式各样的体验与经验中，累积出属于自己的人生智慧。

　　G 中心空白的人对空间很敏感，他们很清楚一个空间舒不舒服、适不适合自己。环境对他们来说如此重要，所以对于居住和工作地点的选择，就要更加审慎。若身处正确的空间，就能自在展现自己，也容易遇到对的人，同时做出正确的判断。反之，若是处于不正确的空间，他们会努力融入，拼命扮演某些特定的角色，反倒容易迷失自己，也无法施展所长。

　　建议 G 中心空白的人可以多方尝试，不管是工作或交往的对象，真正投入之后，才能体验自己是否适合，或真正喜欢的是什么。请 G 中心空白的人别因为人生缺乏固定的方向而恐慌，也不必用力向外探求，拼命将各种头衔与身份加在自己身上。请回到内在权威与策略，你的人生才会像一朵含苞待放的花，等待因缘俱足，一层又一层在眼前绽开。一阵清风吹过，芳香袭人，你会体验到什么是惊喜与喜悦。

关于 G 中心

- G 中心代表的是爱与人生方向，是关于你在这世界上的自我认知与定位。
- G 中心有颜色的人并非对人生没有困惑，而是"追寻自我"并非他们终其一生去深入探索的问题。G 中心空白的人则经常会想了解自己，对自己要扮演什么样的角色产生不确定感。

Q：G 中心空白的人就没有人生方向吗？该怎么面对自己的人生？

A：G 中心空白的人不是没有人生方向，而是没有固定的方向。很可能这段时间扮演某个角色，过了一段时间又会感到困惑："这是我要的人生吗？"人生经常处于探索与向外追寻的状态。若回到自己的内在权威与策略，则无须向外探求，你的空白中心自然会吸引正确的人、事、物来到你面前。

Q：为什么环境对于 G 中心空白的人很重要？

A：正因为空白，所以很敏感。G 中心空白的人一踏入某个环境与空间，自然而然会感觉到是否舒服或是否适合自己。请务必尊重身体的感受，你唯有在对的空间生活与工作，才能遇到对的人与正确的机会。

若 G 中心空白的人回到自己的内在权威与策略，正确的人会在正确的时机出现，指引其接下来的方向。

意志力中心

我够好吗？我值得吗？
要如何才能证明自己？

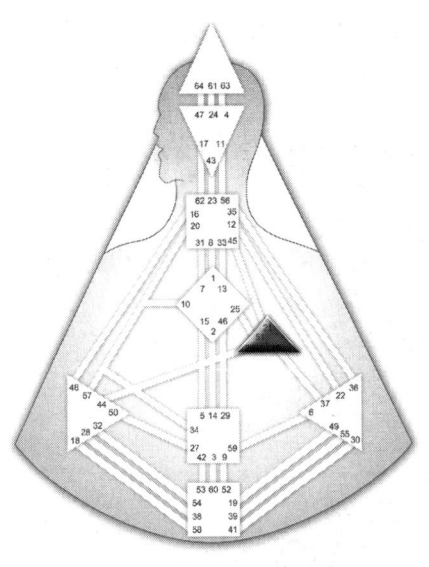

图 12　意志力中心

说明

意志力中心与自我价值、目标设定，以及如何在物质世界获得成功紧密相关。意志力中心在左图中所占的面积不算大，看似只有四个闸门，但其威力却不容小觑。意志力中心具有强大的动力，非常适合设定目标，再一鼓作气完成它，稍事休息放松后，再朝向下个目标，准备再冲刺，获得下一次的成功。

有颜色的意志力中心

如果你的人类图中，意志力中心有颜色，就表示你具备持续运作的意志力。对你来说，在人生里设定各种目标并达成是很健康的运作，或许你可以设定多少岁之前想赚多少钱、何时要取得某个重要的合约、如何让下一季业绩再创新高等目标。当你达成自己所设定的目标后，你会愈来愈自信，愈来愈肯定自己的能力，也对自己更有把握。换言之，如果你的意志力中心有颜色，却从未设定人生目标，其实很可惜，因为意志力中心有颜色的人，凭借的就是一股意志支持着你，让你在困境中撑下去，直到达成目标。记得完成目标之后，你需要休息，才能储备足够的精力，为下一次的冲刺而奋斗。

对于意志力中心有颜色的人来说，人生突如其来的巨大挫败，表面上看似摧毁了你的自尊心，让你的自信几乎瓦解，就算是外人看来难以摆脱的困境，但如果你愿意再次相信自己，你就能再次爬起来。这股重生的意志经过锻炼，会变得更加坚定与强大。

空白的意志力中心

如果你的意志力中心空白，并不表示你缺乏意志力，这只是代表着你的意志力忽明忽暗，没有固定运作的方式，所以意志力中心空白的人，往往会试图以各种各样的方式来证明自己。但问题是设定目标，以意志力来穿越的方式，并非他们与生俱来的驱动力，所以即使达成目标，他们也会错愕地发现自己并没有想象中的满足与开心。即便犒赏自己，他们也难免感觉空虚。若是没达成目标，他们又会觉得一切都是自己不够好，陷入自责自怜的循环。

意志力中心空白的人要放下证明自己的执念，你存在的价值，根本不需要通过完成任何事情来证明，注意自己是否常常自我质疑，自我攻击，认为自己不够好，于是又加倍鞭策自己，活得非常辛苦……停！你无须证明自己，你是够好的，你是值得的，这就是你能累积的人生智慧——肯定自己。

关于意志力中心

- 意志力中心是强大的动力中心，与自我价值和目标设定息息相关。
- 不是所有人都适合设定目标。对意志力中心有颜色的人来说，人生有目标是健康的，但同样的事情对于意志力中心空白的人来说，可能会是莫大的折磨。
- 意志力中心空白的人在人生中要学习的智慧是，你无须通过做任何事情来证明你自己。你无须鞭打自己、驱策自己、努力迎头赶上别人。你只需要回到自己的内在权威与策略，做自己真正想做的事情。

Q：意志力中心空白的人会没有自信吗？

A：由于意志力中心空白的人缺乏固定运作的意志力，为了证明自己，常常会拼命设定目标，督促自己完成。若费尽力气达成目标，他们就能肯定自己，甚至自我膨胀，充满自信，但这种自信的状态通常也不太持久。若没有达成目标，他们又会攻击自己，觉得自己是不是不够好，再次陷入缺乏自信的状态之中。意志力中心空白的人若在非自己的状态下，会容易为此受苦，但只要学会肯定自己，不再证明自己，就能从缺乏自信的困境中破茧而出。

意志力中心空白的人，若是为了证明自己而做，就算达标，还是难以肯定自己。

他们若在非自己的状态下，会容易为此受苦，但只要学会肯定自己，不再证明自己，就能从缺乏自信的困境中破茧而出。

情绪中心

情绪是礼物，
不管喜怒哀乐都是美好的体验

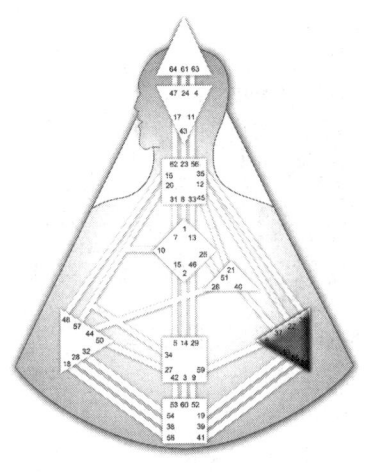

图 13　情绪中心

说明

情绪中心负责体验情绪、情感、欲望和感受力。任何情感层面的感觉，都由情绪中心来主导。情绪很美，也很不稳定。情绪就像水，高低起伏之间，每一种感觉都带有不确定之感，无法预测，无法合理化，无法掌控，更无法压抑。自己的感觉也不见得时时看得清，而在不确定的感觉底下隐藏着紧绷与冲动，又让人好紧张、好焦虑，充满情绪的当下，往往无法看清楚事物的本质。

有颜色的情绪中心

如果如上图一样，你的情绪中心有颜色，这代表对你来说，你的

"感觉如何"真的很重要。你的情绪具有周期性，如果你开始留意并记录下来，会发现随着时间过去，自己的情绪高低起伏有其脉络可循。同样的世界，同样的事件，在情绪周期的不同阶段，带给你的体会与感受截然不同。也因此不管做什么事情，你需要给自己多点时间，好好体会。在不同的时间点，自己的感受不同，也会获得不同的观点。如果你的情绪中心有颜色，请不要在当下做决定，情绪会让人在当下看不见真相。静待度过情绪周期，如此一来才能好好消化，经历情绪带来的完整过程，这就是面对情绪，与情绪共处的智慧。

情绪是一股巨大的动力，高亢时兴致勃勃，低落时毫无干劲。情绪处于高点时固然令人欣喜，然而低潮也有其存在的必要性，看似低潮的时候，其实是一个人重整、修护、成长与蓄积能量的绝佳时机，也能从中挖掘出与平时全然不同的观点。难过与悲伤，或许让你感到不舒服，却是人生中独特的礼物。若情绪中心有颜色的人，无法接纳自己情绪低落的状态，不断要求并勉强自己开心起来，长期下来反而会对自己造成伤害。情绪本身没有好坏，更没有优劣之分，若你能允许自己好好经历完整的情绪周期，你就会迈入健康的循环，这会让你的人生更有深度、更圆满也更豁达。

空白的情绪中心

如果你的情绪中心是空白的，表示你能敏锐感受到别人当下的情绪，也容易受到外来情绪的影响或引发。你独自一人时温和平静，但只要与外界接触，可能会突然出现强烈的情绪释放，忽喜忽悲，突然大怒或流泪，戏剧性十足，往往连你也搞不清楚自己这样"人来疯"的现象，究竟是怎么一回事。若遇到这种情况，可以分辨自己在当下的情绪，是否受他人的能量场影响。你可以试着先离开现场，感受一下自己的情绪，或许很快地，你又能恢复平静。情绪中心空白的人，由于对别人的情绪特别敏感，害怕冲突，加上不想去感受别人的不悦、愤怒或种种负面情绪，被制约的结果就是不断委屈自己，试图讨好别人，或取悦周遭所有的人。

情绪中心空白的人要学习的重要课题是：我可以感受到别人的情绪，但是这并不代表我要为任何人的情绪负责任；不要因为害怕冲突，而压抑自己真正想说的话或真心想做的事情；这世界上没有谁，可以无止境地取悦他人；要有被讨厌的勇气，学习忠于自己。

情绪中心空白的人，容易被情绪中心有颜色的人影响，瞬间以两倍的强度爆发，让人错愕不已。

关于情绪中心

- 情绪中心与情感层面的所有感受息息相关，尽管不稳定、不确定，却也蕴藏极大的能量，驱使我们完成许多事情。
- 情绪没有好坏，情感是驱动力，完整经历情绪的高潮与低潮，才能看清一件事情的真实样貌。
- 情绪中心空白的人，要学习区分自己所感受到的情绪，超越对冲突的恐惧，说你真心想说的话，做你真正想做的事情。

Q：社会的整体价值观皆崇尚理性，认为情绪化是不好的，为什么人类图会说，情绪中心有颜色的人不要压抑自己的情绪？难道我们可以随意发泄情绪吗？

A：首先，崇尚理性的另一面，是因为人类对情绪所知甚少。情绪是我们正在学习与进化的领域，由于人们不理解情绪如何运作，于是试图以理性的角度去解读，甚至压抑情绪，认为情绪是不好的。但是若要每个人的情绪都平静无波，这本身就极不合理，也不可能做得到。学习观察自己的情绪周期，体验情绪高低起伏所带来的感受，不要压抑自己的情绪，并不代表我们就要随意发泄情绪，而是安然体验并领略在不同的情绪状态下，会产生的感受与观点，这就是情绪所带给我们的智慧。

直觉中心
那个确保让你安全的小声音

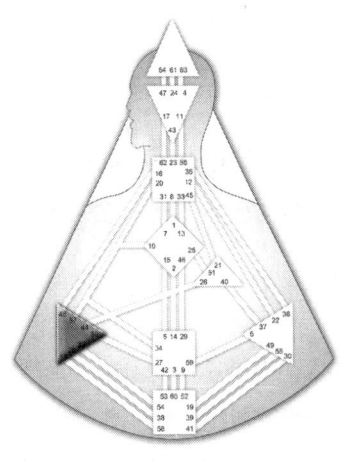

图14　直觉中心

说明

　　直觉中心也就是脾中心，代表生物求存的本能。我们在此所说的直觉，代表的是生物的本能，这是为了求存而衍生出来的敏锐觉察力，也是为了保护生命安全，确保物种得以顺利存活的运作机制。换句话说，直觉的小声音，是警示，也是提醒。来自直觉的提醒，只会在当下说一次，若你没听见，或假装听不见，它也不会再重复。来自直觉的讯息不见得会有理由，也没有周详的逻辑可供佐证，于是人们经常在事过境迁之后，才会对当时直觉所发出的警告是如此准确恍然大悟。

有颜色的直觉中心

　　如果你的人类图上的直觉中心有颜色，表示你可以信赖自己的预感与直觉。尽管直觉一闪而过，当下不见得会有足够的证据可以证明，也很容易被头脑驳斥为不合理，或归类为不重要，但是，请你务必重视自己直觉的声音，否则很可能在受伤或者发生意外之后，才会哀叹"我早就知道了！当时就觉得怪怪的"。这一闪而过的直觉，是确保你会安全的小声音，里头隐藏着宝贵的线索，足以让人趋吉避凶。

直觉中心有颜色的人，有特定的方式可以面对并处理自身的恐惧，他们不会让恐惧无来由地不断无限放大，他们生来也比较有安全感。

空白的直觉中心

如果你的直觉中心空白，代表你的预感与直觉并非时时刻刻持续运作，尽管有时候可能会涌现强烈的直觉，却不见得可靠，也不值得采信。安全感是你生命中的重要课题，你容易过度放大自己的恐惧，误以为恐惧是真的，甚至被恐惧所吞噬，导致你紧紧抓住对你已经不好的人、事、物，不愿意放手，也不敢尝试新的事物。若你能了解自己内在的恐惧永远不会消失，这并非命运与你为难，而是宇宙巧妙的安排，让你有机会学习如何与恐惧共存，让你能对他人的恐惧与身体的病痛感同身受，让你拥有温柔的同理心，或许你就能活得更坦然，也终于释怀。

虽然安全感对直觉中心空白的人来说是功课，却可以经由后天学习，以正向的方式来引导，让他们愿意放下对恐惧的抗拒，进而学会安然地与恐惧共存。否则他们很容易贪恋安稳，误以为不变就有安全感，或者转向另一种极端，以为只要不断逼迫自己克服恐惧、战胜恐惧，就会找到出路。以上两种状态，皆是空白直觉中心所产生的非自己制约模式，要注意。

关于直觉中心

- 直觉中心是关于求存的本能,往往声音微小,一闪即逝。
- 直觉只会出现一次,你在当下可能会觉得很不合理或不合逻辑,但请务必留意。

Q:直觉中心空白的人,真的完全无法相信自己的直觉吗?

A:直觉中心空白的人,并非没有直觉,而是没有固定可依赖的直觉运作系统,这会让他们的直觉有时准,有时不准。他们也很容易被别人所影响,而把保护别人的直觉讯息,误以为是对自己的提醒。直觉中心空白的人不要依靠自己忽明忽暗的直觉,请回到你的内在权威与策略,就能做出正确的决定。

Q:直觉中心空白的人,容易缺乏安全感而感到不安,他们该怎么做来超越自身的恐惧?

A:直觉中心空白的人,常常误以为熟悉就等同于安全感,而紧抓住已经行不通的人、事、物不愿放手。如果你的直觉中心空白,你也注意到自己有这样的倾向,请提醒自己;恐惧永远不会离开,但是恐惧并不是敌人;我不必击溃自己的恐惧,我可以与自己的恐惧共存,带着恐惧往前走,因为恐惧是提醒,让我能更警觉,如此而已。若能时时保持自觉,就不会被恐惧所牵制,而做出错误的决定。

　　直觉中心空白的人，容易困在自己的不安全感里，就算受苦，也可能忍受而不愿放手。请注意自己的非自己状态，学习与自己的恐惧共存。

根部中心
压力是动力，耐压的人才会成功？

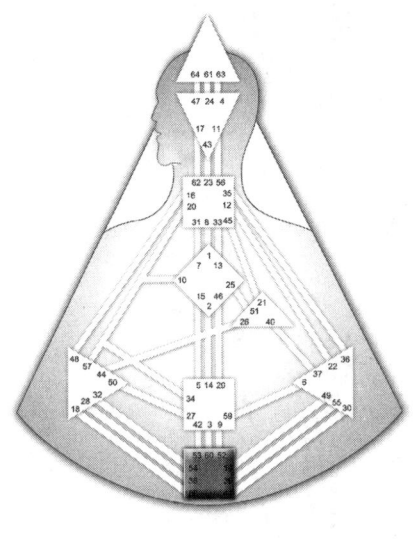

图15　根部中心

说明

　　根部中心是处理压力的能量中心。这股强而有力的驱动力，宛如生命的燃料，驱动人类脱离环境中的困境，找到求生之道。压力不可避免，压力本身没有好坏，而是一股珍贵的动力，让我们可以适应世界，也促使人类不断进化，向前迈进。

有颜色的根部中心

　　如果左图中你的根部中心有颜色，表示当你面对压力时，会引发特定的对应模式，你的设计可以承受压力。对你来说，压力是动力，一有压力，便能付诸行动。面对压力，你不但不会有先天的恐惧，还会跃跃欲试，涌现无法以言语解释的兴奋感，像就要经历一场令人兴奋的冒险。但是你也要明白，这并不表示每次压力一来，你都能一肩担起，若承受的压力过大，同样会对身体造成难以磨灭的损伤。

有颜色的根部中心抗压性高，生命力强，有时也会无缘无故感到焦躁或烦躁，若能养成持续运动的习惯，就能适度释放体内所累积的压力。运动能让你内心重归平衡，也能让你在面对压力时，更加游刃有余。将压力转化为真正的动力，转为正向的循环，有益于身心健康。

空白的根部中心

如果你的根部中心空白，你若处于健康的状态下，会是一个平和的人，你并不喜欢压力，因为压力容易让你紧张失常，反倒是在平和的状态下，你的表现才会好。有些人容易大考失常，或面对压力时临阵脱逃，极有可能是空白根部中心的设计，由于受到来自周围的人或环境里的压力，你就会拼了命以最快的速度来摆脱这些压力源，却没料到摆脱了眼前的压力，又会有其他的压力排山倒海而来，这循环永无止境，最后只会让人精疲力竭。

相对于根部中心有颜色的人，空白根部中心的人，有时候反倒会更频繁地无端对人施压，那是因为在团队合作的过程中，若别人的工作尚未完成，他们就无法自压力中解脱，为了解除压力，只好不断催促或逼迫周遭的人，殊不知如此一来，反倒让伙伴们的压力更大。这时请你提醒自己，快点把事情做完就能解决问题吗？现在匆促想完成的，是不是你真心喜爱的事情呢？在这压力底下，你是否还有爱、平和与喜悦？若答案是否定的，就到你要重新调整自己步调的时候了。

关于根部中心

· 根部中心是处理压力的能量中心，驱动人克服困境，在这世上找到生存之道。
· 压力是促进进化的重要燃料。
· 不同的设计，面对压力的态度和承受度也不同。

Q：职场上怎么可能没有压力？如何训练空白根部中心的人提高抗压能力？

A：对根部中心空白的人来说，压力并非驱动他们往前的动力，与其训练他们耐压，还不如引发他们产生兴趣，提醒他们在做每件事情之前，想一想自己当初为什么会喜爱这件事，是什么原因让他们选择做这件事。空白根部中心的人，需要重新回归爱、平和与喜悦，从工作中找到自己所喜爱的切入点，如此一来，就算环境中充满压力，他们也能乐在其中，游刃有余。

Q：如何与根部中心有颜色的人相处？如何逃避他们所带来的压力？

A：对于根部中心有颜色的人来说，他们并不是特意要给你压力，并不是他们做了什么或说了什么，而是他们的存在本身，其能量场容易让人感受到满满的压力。而根部中心也代表肾上腺素分泌所带来的冲劲与兴奋感，换句话说，除了压力之外，他们也会为平凡无奇的日常生活带来许多惊喜。若你觉得与他们相处时压力过大，你可以暂时离开对方的能量场，区分什么是你自身产生的压力，什么是来自外在的影响，让自己重新回归平和。

　　根部中心空白的人，为了逃避压力会拼命催促自己，想快速完成交办事项。他以为做完就能自由，而获得"快手"的称号，殊不知做完之后，后头还有更多的工作等着他。

荐骨中心

**嗡嗡嗡，去做工，
这是全世界最伟大的电池**

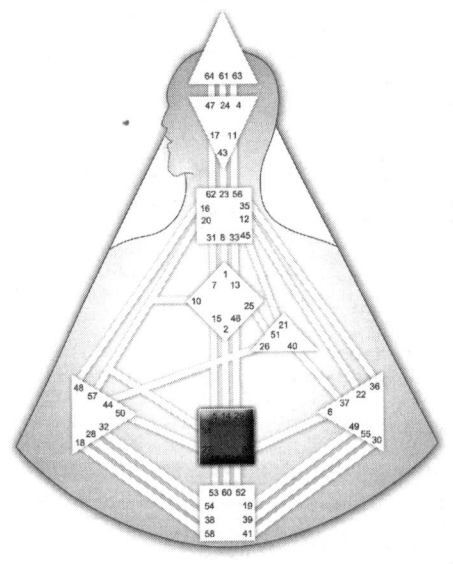

图 16　荐骨中心

说明

　　荐骨中心是一部持续运作、庞大无比的超级动力机，产出源源不绝的生命动能。这是一股持续运作的丰沛能量，让人类拥有工作、生产与创造的能力，同时也驱动着我们繁衍、养育与照顾下一代。荐骨中心与性、工作、繁衍、生命力等紧密相关。只要荐骨中心有颜色，就会是纯生产者／显示生产者的设计，通过荐骨的声音来响应，就能在每一个当下，展现身体的真实状态，引导人们做出正确的决定。

有颜色的荐骨中心

如果你上图中的荐骨有颜色,你就是纯生产者或显示生产者。这表示在你体内有一股固定运作的能量,富有充沛的生产力与创造力,而你来到这世界,就是要善用这股伟大的能量,好好工作、创造或建立某项事业,若能持续从事自己喜欢的工作,你就能从中获得满足,即便再怎么疲累繁忙,在工作结束后,你的内心都会涌现难以言喻的满足感。反之,若不喜欢自己的工作,或者无法确定自己想做什么,长久下来你就容易感到挫败沮丧,身心也会变得不健康。

不管荐骨有没有颜色,每个人的荐骨都会发出类似"嗯嗯""啊啊"的声音,但是荐骨有颜色的人,可以信赖自己所发出的荐骨声音。每个人的荐骨声音都不同,来自不同文化的人,所发出的荐骨声音也不尽相同,在中文世界里,"嗯!"可能表示肯定,"嗯……"可能表示否定或者不确定,至于惊叹、呻吟、叹息声,其实也都是你的荐骨以不同的方式在响应。当你的荐骨发出明确肯定的声音,这表示你有足够的动能来支持你完成,做完之后,你也会感到满足。

空白的荐骨中心

如果你的荐骨中心空白,表示你没有持续运作的荐骨动力,但是你却能充分感受到周围人的动力状态,因此空白荐骨中心所具备的潜能是:协助荐骨有颜色的人从事适合他们的工作或更有效率地工作。但空白荐骨中心的人也容易被外在强大的荐骨能量影响,因而不知节制地工作、玩乐、熬夜或过度沉溺于性爱等,导致过劳。所以要提醒空白荐骨中心的人,要有固定的上床休息时间,要懂得节制,知道何时该喊停。

关于荐骨中心

- 荐骨是伟大的动力机,从中产出源源不绝的生命动能。
- 只要荐骨有颜色,就会是纯生产者或显示生产者。
- 荐骨有颜色的人通过聆听自己的荐骨所发出的声音,就能得到最真实的答案。

Q：为什么工作对生产者来说这么重要？

A：生产者的荐骨中心一定会有颜色,会产出一股源源不绝的生命动力,让生产者能投注自身能量在各个层面的产出、创造与建造上。若生产者善用荐骨的动力,从事自己真心喜爱的工作,除了从中获得满足感,也会让生产者活得更有劲、更健康。

Q：为什么有些荐骨中心空白的人,反倒是最拼命工作的那一个？

A：荐骨中心空白的人,不管是显示者、投射者或反映者,很容易进入比周围生产者更努力的状态,误以为自己具有源源不绝的动力,而活得比生产者更像生产者,拼命工作个没完。要提醒这些荐骨中心空白的人,注意自己是否过度劳累了。你的强项是协助别人更有效地工作,而不是自己做个没完,你有没有把自己放在对的位置上呢？

荐骨中心空白的人常常做很多事都不知节制，对身体的伤害将特别大。

> 人类图使用者分享

去黑市买能量中心

艾琳，文字工作者、生产者

学过人类图一、二阶课程以后，我愈来愈察觉到，空白能量中心里面各种"一个人的内战"。一开始的时候，非常想要把这些空白填满，我不知妄想了几次，这世上能有个"能量中心黑市"，让人可以像买肾买肝那样，买一个有定义的能量中心回来移植。

我想买根部中心。从前上班时最有苦难言的，就是根部中心发达的前老板，完全不能理解为何工作行程只要稍微紧凑一点，我就呈现濒死状态。事前焦虑，当下奋力撑过场面，事后就化为虚魂，觉得一条命预支了九成，只剩一口气够我挤公交回家瘫在沙发上。

看过人类图，知道自己抗压能力弱以后，哀怨了一阵，原来我就是颗草莓，只好哭着对自己说，励志书都是骗人的。我羡慕极了别人有根部中心，肾上腺素喷嘴畅通，必要时涌出一条河道来，抓着冲浪板咻一下就度过各个关卡。唉，好想买。

这样的念头出现几次，倒是幡然悔悟，黑市东西贵，要买当然先买意志力中心，买什么压力呢？傻瓜！只要能有一点自我感觉良好，多肯定自我价值一分，便不用再害怕成为败坏一切的老鼠屎。即使根部不够抗压，头脑想不出答案，害怕面对冲突又如何？只要我能笃定，事情会失败一定是因为层层环节各有疏漏，事情会成功却绝对少不了我一份功劳，那就好了。不用再一直担心我的没出息是否拖累了谁，谁是不是生我的气，胸口的压力就可以减轻许多吧？

对，就买一个意志力中心。咦？

好啦，我也知道没人卖。我一早哭完擦干鼻涕认清现实了。认清现实，是突破现实的第一步。每个人的人类图，填满和空白的部分，到死都会是同样的分布。拉说"爱自己，别无选择"，乍看像是温暖的鼓励，却也点出了无情的人间规则，认清自己的原貌、熟悉原貌、善用原貌的人，才能活得省力自在。这事说起来只有简单的几句，做起来却旷日废时。闪避是徒劳，自爱晚不如早。

所以我学习安于空白，虽然空白中心毫无拣选地反映接近的能量，有苦有乐，但我总算是可以控制自己双脚移动的方向，有些时候，甚至还要主动投靠。每当工作产值不高、内心萎靡的时候，我就去图书馆阅览室"借"根部中心。成排成列埋首苦读的准考生们，简直是湖中女神，除了有大把的压力推进动力可以吃到饱，还一并附赠激昂的思维火花，与破釜沉舟的意志力。

经历过几次有借有还的体验之后，我反而明白，空白中心能补满能量来用固然是好，但是回家的路上，慢慢把借来的能量一点一滴还回去，原来才叫非常之好。别人的动能再怎么好用，都比不上瘫软的真面目更适合我，令我安适自在。我如今真心庆幸，这世上并没有能量黑市，我没能因为一时冲动，误植什么中心进去，现在这样的能量分布，原来就是最好的，最配我，没有任何改装的需要。

宇宙，不好意思，我要撤单，对于您一直以来仁慈的倾听，与多数时候的毫无响应，我衷心感谢。

> 人类图使用者分享

我敬畏情绪中心有定义的人

罗品，导演、生产者

我敬畏情绪中心有定义的人，因为我不懂他们是怎样活下来的。我的情绪中心没有定义，这让我从小就不懂有情绪是什么意思。这不是问题，我照着我妈的说法活着，反正就是台湾地区俗语中所说的"没血没眼泪的花枝乌贼"，就这样被冷淡地对待长大。谢谢他们的洞见，当我单独一人待着时，世界是如此的平和完美。

比较困难的是跟情绪有定义的人相处，因为，我真的不懂他们的情绪是什么、怎么来的、发生什么事、如何可以避免。我曾经因为无法理解我爸爸的情绪，而险些被他打死。之后，我花很大的力气去观察。关于情绪，我一直在学习。

情绪有颜色的人对于情绪中心空白的我来说，可以说是"伴君如伴虎"，很恐怖。虽然也有快乐的时候，但我无法长期待在情绪有定义的人身边，我会觉得非常劳累，很像是一口吃下整罐辣椒酱的感觉。因为我可以感觉到情绪，也会受影响，但不知道那是什么，就算理解那是什么，也不代表我能处理别人的情绪。很惨的是，通常我跟情绪饱满的人吵架，都只是在反映对方的情绪，我不是我，我只是个让别人可以吵得起来的对象，而吵架不曾解决过什么问题。可能吵过了，那人的情绪得到抒发，爽到了他自己，对我没一点意义，因为我没有改变。如果我退让了，大多是因为我感受到他的情绪，也理解他为情绪所苦，所以就放过彼此吧，从而解决了问题。简单的解释就是，情绪勒索对我而言很有效，可以有效一次，然后我会终生躲着这个人。

我很逃避与人互动，但这样的观察很适合用在引导表演上面，即使是普通人，我都知道他的情绪到哪儿了，可以怎样到我要他到的地方，然后镜头可以记录，我们可以拥有一个好的表演，因为演员的身心是一致的，跟剧情一致。

很多人喜欢围绕在我身边，我很容易让大家开心，很能够逗乐大家，但很抱歉，很多时候，那是一种技术。这让事情更糟糕，有些人会以为我喜欢这样。我不是不喜欢快乐，但我不是个神经病或是花痴。一个24小时都快乐的人，也是一种情绪障碍吧？所以，如果你不常能够见到我，那是有道理的，因为我害羞，而且，害羞是另一种理性的技术。

我不是坏人，不用在日常生活中躲着我，我躲你就好。因为，我认为即使是快乐，也不用天天追求快乐。快乐不过是情绪的一种。情绪像云，而我享受情绪与情绪之间的平和，就像是我享受云朵与云朵之间的蓝天，蓝天没有界线，蓝天可以永远存在。

> 人类图使用者分享

看不到自己价值的
空白意志力中心

米兰达·吴（Miranda Wu），金融保险业、生产者

学习人类图后，我才知道我的人生被自己空白的意志力中心折磨得有多厉害。记得有一次，我站在台上诉说着自己想要成为更好的人，我想当爸妈的乖女儿、公婆的好媳妇、家庭里的好太太好妈妈，但我觉得好累好累，我一直努力想做得更好，期望自己能完美呈现人生中每个角色，但这真的很难，有时候不同角色之间也会有冲突。努力想迎合别人的期望，长期下来我都快忘记自己是谁了。

现实生活中我身在每个角色里，当有人告诉我，我做得已经够好了，我会以为他们只是在说客气话，而有时候我再怎么努力、做得再好还是无法满足对方的期望。学习人类图后，我常常在诸多生活情境中，不经意的情况下，忽然懂了，我的人生常因为意志力中心空白而受苦，所以我最大的领悟也往往来自于此。我终于知道原来是我的空白意志力中心让我那么辛苦，而我的功课就是放下证明自己，我要学习不需要证明自己的价值，不需要承诺。

在诸多生活功课与角色扮演中，以我跟先生的关系冲突最激烈。生活中大大小小的事情，包括两个人的生活习惯、家事的分配，因为

他的意志力中心是有定义的，我总能感受到他对于自己为家庭做的所有事情的自信和肯定。而我，不管做了什么，我会觉得这本来就是应该为家庭与小孩做的，没什么好拿出来说的。所以在吵架的时候，每当先生说自己多辛苦、做了多少，我却常常只是脑袋空白，什么都说不出来，最后觉得自己在家庭的价值几近于零。即使这么辛苦生出两个小孩，我都觉得这好像是应该的，我完全看不到自己的价值。

学习人类图知道自己的设计之后，我知道生活上的体验是更重要的，因为真实的人生不可能如意顺心，有时候心情低到谷底，还是会觉得自己没用，可是现在跟以前最大的不同是，当我察觉到脑袋又开始折磨自己时，我也同时能意识到那是我的空白意志力中心又在作怪。现在我有了觉察的能力，当我觉得自己没有价值时，我会先停止责怪自己，再去思考是因为真的做得不好，还是我又看轻自己才会感觉没有存在感与价值。

一旦能觉察到空白意志力的非自己，至少可以知道当下心里为什么难受，然后再与自己对话。这样在生活上慢慢体验，虽然总是会有折磨自己的意志到心脏无力的程度的时候，但至少是在缓慢进步，而不会一直深陷其中，对我来说这真是很棒的觉醒！

> 人类图使用者分享

我的空白意志力中心——
自卑男孩的破茧重生

森普·万（Samp Wan），信息安全资深技术顾问、生产者

在人类图的世界，意志力中心的议题是探讨自信心、自我认同与爱自己，而意志力中心空白的、在非自己状态下的人则患了一种被称为"我不够好"的病，我就是其中一个病人，而且曾经病得不轻……

我从来都不觉得自己帅，即使被保安大叔或是菜市场的卖菜阿姨叫一声帅哥，我也觉得那是他们在日行一善。在我的心中，满脸痘痘是我的特征，驼背低头看地板是我的招牌动作，上课坐在最后面是我一贯的行为，看到喜欢的女生也只可远观而不可亲近焉。最常安慰自己的方式就是说自己很低调，不喜欢他人的注意，殊不知那就是一种"我不够好"的症状发作，这也就是意志力中心空白非自己会发生的情况。

我的人生总是在不断地体验着"我不够好"的非自己，我还记得我参加高考推荐甄试，我明明是成绩第一、操行第一、社团活动成绩第一的资优生，最后竟然选择留在原来的学校，不愿意离开舒适圈，原因是我认定自己还不够好，不像某些毕业的学长学姐那么优秀，也不觉得自己有机会可以上，所以宁可放弃大好机会，选择对自己最有

利的赌注。后来想想，这其实也是"我不够好"的病发作的结果。

进入社会后，我也总是当个听话的员工，从网络上或朋友口中听到其他公司有新的机会，我都因为"我不够好"的病持续发作，想改变却不愿意改变，不愿意改变却不断地想改变……因缘际会之下，我接触到人类图，人类图的知识很多，最不可思议的就是让我认清自己，了解自己不需要迎合别人，我就是我自己，看清楚自己其实是一台兰博基尼，只是现在被厚厚的灰尘包覆、厚厚的水泥困住。了解自己真的不容易，接受自己更不容易，要改变自己才是最大的不容易。

上完人类图课程后隔一周，我去一个新的外企面试，一个跟以往完全不同的环境。我还记得面试时，老板问我："你有什么理由要我录取你？"我从来没想过我会回他："我是一个很优秀、很认真、很负责的人；我不只是要来上班，我是要来发挥自己的专长，做一个更好的自己。"也因此，我从不可能到了可能，我从以前的一个本土产业技术员到现在成为年收入不错的顾问。

如果你问我，接触人类图对我而言，最大的收获是什么，我一定会毫不犹豫地说，它让我焕然一新，开始爱自己，开始接受这个就是我，也让我破茧重生。一个人去制约的时间需要七年，但是，现在不做，你永远都不知道七年后会变成什么样的自己。我的重生就像是毛毛虫的蜕变，不能说现在已经是蝴蝶，但我会持续让自己发光发热，成为那最美的蝴蝶。

第四章

内在权威

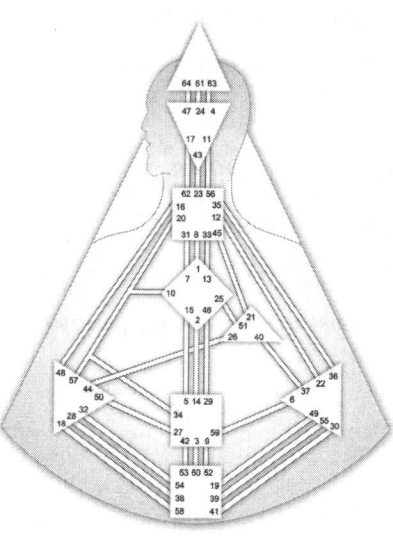

住在你心里的领航员——回到内在权威与策略——是人类图送给每个人的通关密语,它就像一把深藏在你体内的钥匙,让你能活出自己,享受不费力的人生。

关于内在权威，
大家最常有的疑问是……

☉ 每次看人类图气象报告，最后一句都是"回到你的内在权威与策略"，这真的那么重要吗？为什么呢？

⊕ 我已经从前一章知道我的类型，要怎么结合类型的策略和内在权威，在生活中运用呢？

☽ 如何在生活中落实、实践我的内在权威与策略？

类型	人生角色	定义
投射者	4/6	一分人
内在权威	策略	非自己主题
情绪中心	等待被邀请	苦涩
轮回交叉		
Right Angle Cross of Tension(38/39|48/21)		

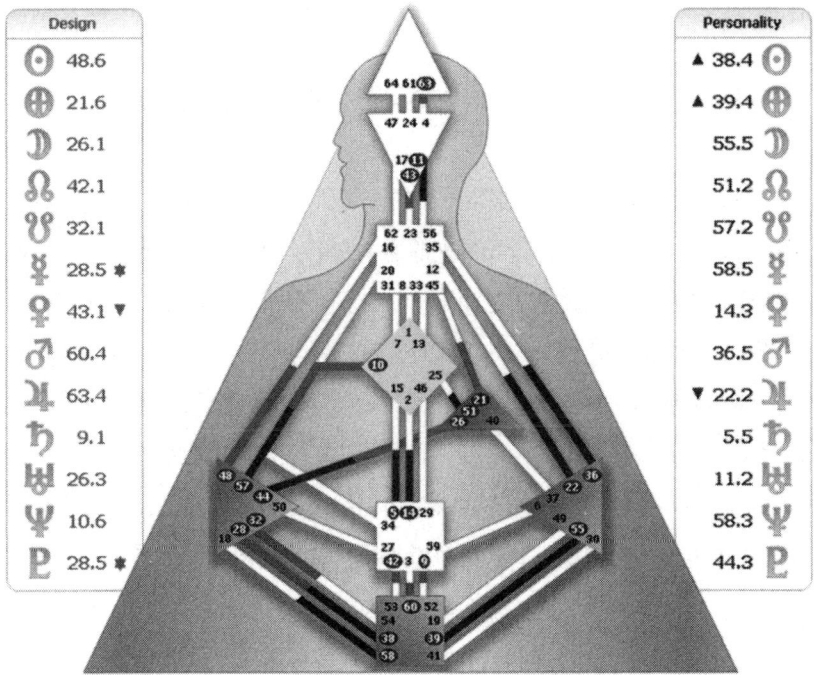

图 17　内在权威是你的领航员

在你的人类图中，会列出你个人的内在权威，接下来我们会说明每种内在权威的运作模式。

内在权威是你的人生通关密语

在人生这趟探险之旅中,内在权威是你的钥匙与罗盘

　　刚刚接触人类图的人,最常听到的一句话:回到你的内在权威与策略。这句话简直像阿里巴巴冒险故事里的通关密语,喊了它,原本紧闭的神秘大门就此开启,你宛如踏上充满宝藏与喜悦的探险之旅。是的,这的确是一场探险,而这一次,你将找到你自己。

　　内在权威是一把极其重要的钥匙,每个人都有属于自己的内在权威。这是可依循并信赖的关键,协助你做出正确的决定。可惜绝大多数人,空有开启神秘之门的钥匙,却不懂得怎么使用它。很多人刚开始接触人类图时,常以为人类图是准确的人格分析工具,其实这门知识体系真正的关键在于:协助每个人做决定。而所谓正确的决定,需要运用每个人的"策略"加上"内在权威",当你回归自己的内在权威与策略,就能做出正确的决定,活出你自己。

　　回到你的内在权威与策略来做决定,就能活出自己的天赋才华。若是盲目顺应社会的主流价值,不断完成他人的期待,勉强自己模仿别人,甚至复制别人的成功人生,不仅容易失败,而且就算费尽力气成功了,也不会真正快乐。就算全世界的人都羡慕你,你自己却很清楚,内心深处总会有一种"这好像不是属于我的人生"的焦躁、无力与挫败感，并没有完整而圆满的感受。

做决定，是影响我们一生的关键

从小到大，每一个人，几乎每一刻都在做决定，"要上钢琴课还是跟同学打排球？""大学要念什么科系？我对什么有兴趣？"进入社会后，烦恼着"要找什么工作？该不该进这家公司？""该创业吗？""该离职吗？"接着开始谈恋爱，"我喜欢这个人吗？""我们适合吗？我爱他吗？""要结婚吗？该嫁给眼前这个人吗？"结婚之后，又开始烦恼，"要不要生小孩？"人生是一场无尽的问与答，而当下所做的决定，就此联结接下来的机遇，所有大大小小在生命中所做的决定，像滚雪球一般，愈滚愈大，愈滚愈快，一切并不是没有来由，都是积累下来的结果。最后，当我们的生命走到某个阶段，看似再也无法逆转了，才终于忍不住停下来问自己："我喜欢自己的人生吗？我喜欢现在的生活吗？"

真实的人生情境，宛如一场冒险游戏，当你每次走到路的交叉口，就得做出决定：往左走，还是往右走？往前走，还是要回头？面对各种选项，我们做了无数的选择，每个看似微小的决定，都带领我们迈入截然不同的旅程，一段又一段的旅程，组成完整而丰富的人生。你的决定，决定了你的人生，但是，到底什么样的决定才正确？你又该如何做决定呢？

你知道你自己的内在权威是什么吗？若回到你的人类图设计，在文字的部分，关于内在权威那一栏，会标明属于你的内在权威是什么。接下来就让我们针对每种内在权威来说明。

内在权威可分为：

- ◆ 情绪中心内在权威
- ◆ 荐骨中心内在权威
- ◆ 直觉中心内在权威
- ◆ 意志力中心内在权威
- ◆ G 中心内在权威
- ◆ 无内在权威
- ◆ 月循环内在权威

≡ 情绪中心内在权威
千万别在当下做决定

这个世界上近乎百分之五十的人，其内在权威为情绪中心，他们有固定的周期，位于情绪高点时，会感到兴致勃勃，觉得凡事充满希望，但是当坠落情绪低点时，又莫名其妙会陷入失落与沮丧，意兴阑珊，什么都提不起劲。就算同一件事情，在情绪高点与低点，也会衍生出不同的观点。若能等待、静观并体验自己的情绪，别在当下贸然做决定，就有机会能整合自己在不同时间点、不同情绪状态下所产生的各种角度与看法，进而做出正确的决定。

慢下来，不要冲动，这对情绪中心有颜色的人而言，其实是一大考验。然而换个角度来看，这却是保护自己的最佳方式，因为情绪中心有颜色的人，极容易在心情好、乐开怀的时候，觉得一切皆如此美好，以为眼前的情况不会有问题而过度乐观，轻易下承诺，但是没过几天，当情绪摆荡到另一端，又会因为心情不佳开始对一切看不顺眼，懊恼自己当初没有考虑周详，答应得太快。情绪如波浪，诸多感受涌现的当头，极容易让人感到混淆迷惑，看不清楚真相，唯有通过等待，缓下来，慢下来，才能逐步获得清明。你无法抵挡情绪的海浪，却可以学习如何冲浪，学习随着浪潮上下，站在不同的高度，看见不同角度的风景，这就是蕴藏在情绪周期里的智慧。若你愿意等待，就会成为一个圆融、体验深刻、思虑周详并且有深度的人。

情绪中心内在权威，相当常见，不论是显示者、生产者、投射者，皆有可能是情绪中心内在权威。

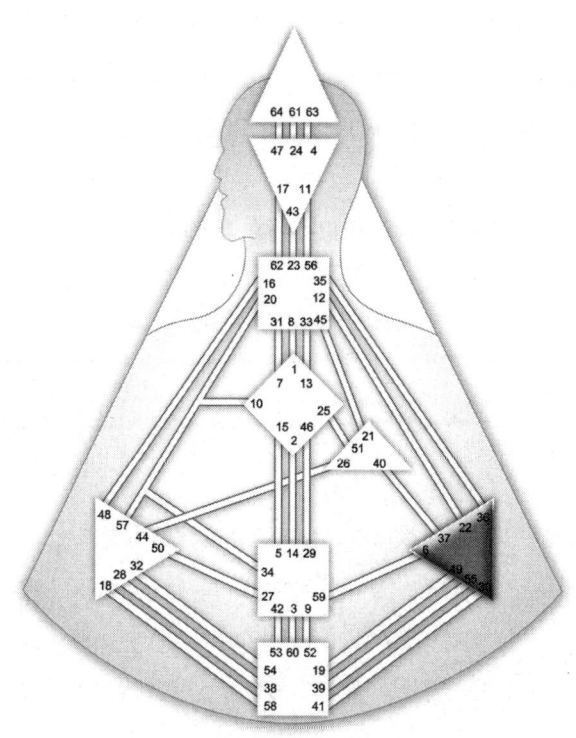

图 18　情绪中心内在权威

若你是情绪中心内在权威的"显示者",别在当下轻易做决定,请完整经历自己的情绪周期,静待清明,确定自己不论在情绪周期的高点或低点,皆有相同的结论才能发起并"告知"周围的人你所做的决定。

若你是情绪中心内在权威的"投射者",请等待邀请到来,但是要不要接受这个邀请,你需要经历自己的情绪周期,静待清明,确定自己在情绪周期的高点或低点皆有同样的结论。

若你是情绪中心内在权威的"生产者"(纯生产者与显示生产者),你需要完整经历自己的情绪周期,静待清明,确认自己不管在情绪周期的高点或低点,皆有同样的回应,才能做出决定。

情绪中心内在权威的你,切记不要在当下做决定!不要急,你需要时间让你看清明。

> **小提醒**
>
> 情绪中心内在权威的人,请避免在情绪的高点或低点做决定,当下的反应欠缺深度,若贸然做决定,常会带来混乱。建议你记录下自己的情绪起伏,观察自己的情绪周期如何运作,下回在做决定之前,花时间等待体验自己的情绪,静待清明,不要匆促做决定。

三 荐骨中心内在权威
哼哼哈哈是我的真实之声？

不同于情绪中心内在权威，荐骨中心显现的是你在当下的回应。荐骨中心为内在权威的人，通过回应的方式，让生产者明白，自己是否想做这件事。不管你听到的是"厚！"（语音下降）还是"啊！"（愤怒或惊讶）或"喔！"（惊喜），每个人的荐骨所发出的声音都不同。不同文化背景的人，荐骨的声音也不会一样。若荐骨沉默了，或者发出"嗯……"迟疑的声音，这表示此刻的你并不确定，或不知道答案，建议可以换个方式询问，或者换个时间点再问一次。

询问荐骨问题时，切记不要自己问自己，因为如此一来，头脑太容易介入，也会对你造成干扰。较好的做法是找个你信任的人，与对方详述你的问题与目前的状况，请对方通过问题来询问你，你会发现，当荐骨发出正面的回应时，容易事半功倍，抗拒与阻力无形中减少了，一切水到渠成。

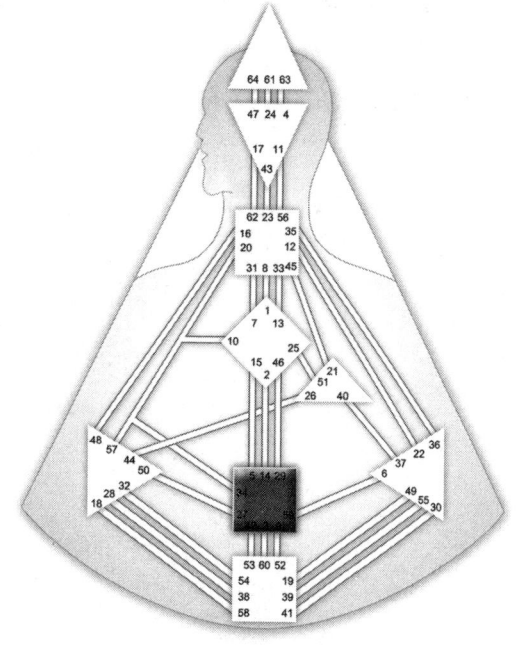

图 19　荐骨中心内在权威

三 直觉中心内在权威

来自直觉的提醒只会讲一次

如果直觉是你的内在权威，请注意那不定时响起，为了保护你、确保你生存无虞，非常细微又无法预期的瞬间就会出现的提醒。那提醒可能是简简单单的一句话、某段讯息，或是体内突然涌现的某种特定感受。来自直觉的提醒不见得有条有理有逻辑，有时候听起来甚至荒谬奇怪并不合理，但是请别忽略，也不要压抑它。来自直觉的声音不会很大声，也不会重复讲个没完，往往在当下一闪而过，不会出现第二次。

直觉中心内在权威的人，需要静下来，聆听自己的直觉。若是头脑充满混乱的对话，极容易淹没直觉的声音。要留意直觉所带来的提醒，那是重要的讯息，它保护你，指引你做出正确的决定。

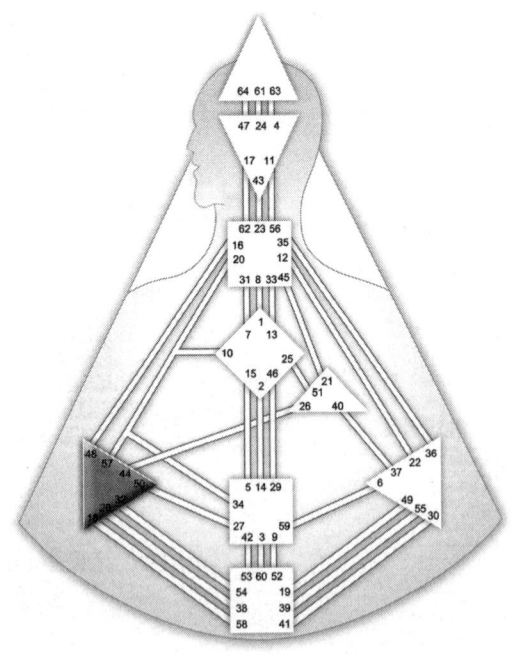

图 20　直觉中心内在权威

三、意志力中心内在权威
灌注你的意志，让你想要的一切发生

若意志力中心是你的内在权威，代表你具备坚定的意志，是你的愿力，将意念转化为钢铁般的意志，使之成为强烈的驱动力。做与不做，取决于你的意志。你的承诺是动力，设定目标就能逐步履行，让事情顺利发生。

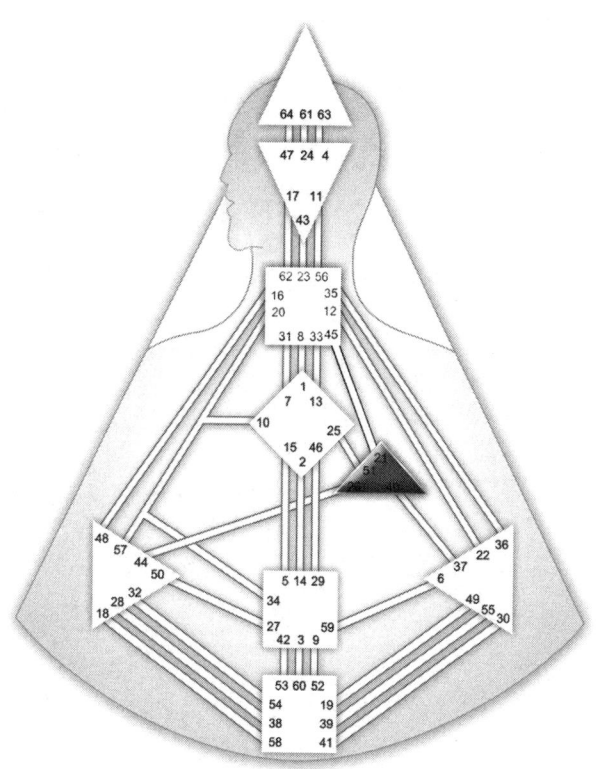

图 21　意志力中心内在权威

≡ G中心内在权威

听你自己怎么说，答案就在其中

如果你是G中心内在权威，在做决定之前，可以与自己的朋友或亲人聊聊，重点不是听别人给你建议，而是听听自己如何讲述这整件事：从头到尾，你想怎么做？你的感受是什么？而你的考虑或顾虑又是什么？你说着说着，所有的意见与看法，就将逐步整合，勾勒出整体的样貌，答案会愈说愈分明，接下来的方向呼之欲出。听你自己怎么说，答案就在其中。

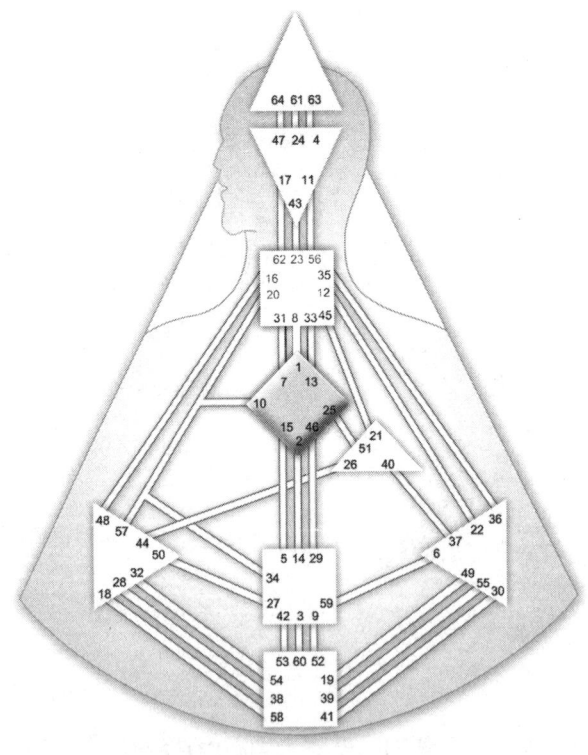

图22　G中心内在权威

≡ 无内在权威

身处正确环境，再听听自己怎么说！

所谓无内在权威，并不意味着比较惨，或比较弱，这只是代表你做决定的方式，与有内在权威的类型不同。环境对你而言很重要，要处于正确而舒适的环境，你才会与对的人相遇。在决定之前请放慢脚步，在正确的环境里，与不同的朋友聊一聊，你会发现同样一件事，在不同的朋友面前，你所叙述的版本不见得会一样。听听自己怎么说，就能听见接下来的方向，从自己的口中说出来。

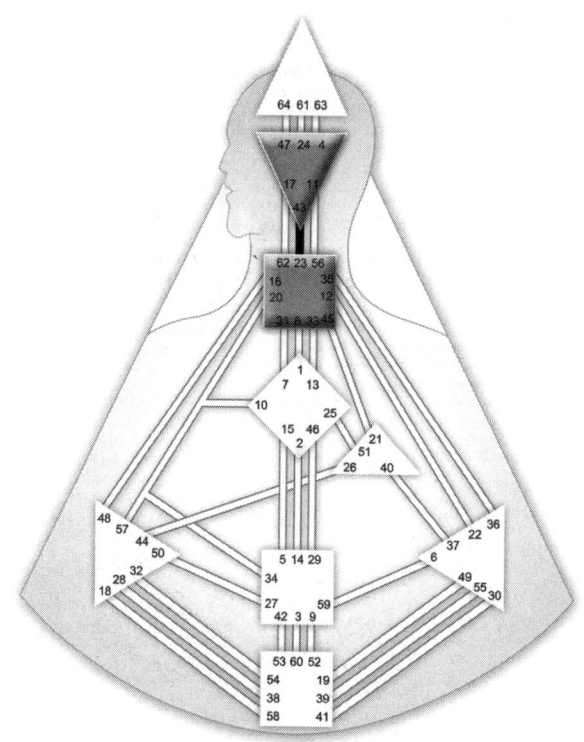

图 23　无内在权威

三 月循环内在权威

请等待 28 天周期，再做决定

反映者是月循环内在权威的设计，他们是唯一一种会随月亮的运转而改变的类型。而月亮以 28 天为一周期，这能让反映者以循序渐进的方式，聆听自己内在的觉知。这是一种非常独特的决策方式，与世界上其他百分之九十九的人皆不同。只要你有耐心，就会发现其中的惊喜。

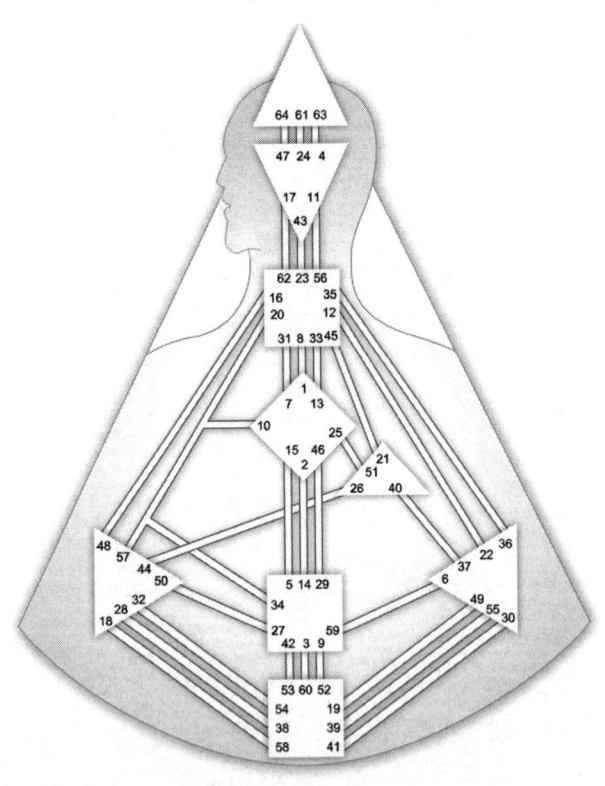

图 24　月循环内在权威

回到你的内在权威与策略，
从非自己的混乱中蜕变，获得重生

人类图指出了一条简单可行的道路：回到你的内在权威与策略。智慧无须外求，你是自己最好的老师。只要做出正确的决定，你就能引导自己，聆听属于自己的真理，从非自己的混乱中蜕变，踏上属于你的道路，在正确的时间点、在正确的地点，遇见正确的人，做正确的事，发挥你的才能，达成你的人生使命。

若没有回到内在权威，显示者会陷入愤怒中，生产者会不断感到挫败，投射者则长期觉得苦涩，而反映者对整体环境感到失望，这也是在你的人类图上，标示"非自己"那一栏所代表的意思。非自己的情绪不见得舒服，却是你最好的指标，提醒你还没有回到自己的内在权威与策略来做决定。

你是答案，回到内在权威与策略，你就能为自己做出正确的决定。力量无须外求，你会体验到属于自己的力量，而这段去制约的旅程，是你的体验。唯有亲身体验，才能体会到，自己可以活得坦然而自在，原来真实活出自己是这么美妙的体验。

关于内在权威

· 回到内在权威与策略，永远是做决定的最高准则。

· 每种内在权威的运作方式都不同，这代表着每个人做决定的方式也不一样。唯有放下比较，练习回到自己的内在权威，也学习尊重别人做决定的方式，才能创造出圆满的关系。

· 当你陷入非自己的混乱时，你只要重新开始练习回到自己的内在权威与策略，就能引导你走出迷途，逐渐回归正轨。

Q：我很想回到自己的内在权威与策略做决定，但是又觉得好困难，一直忍不住想质疑这一切，请问我该怎么办？

A：你可以先从小事开始练习，运用自己的内在权威与策略，开始在日常生活中实验。试试看若以这样的方式来做决定，会有什么不同。每个人头脑里的意见都很多，质疑很多，杂音也很多，我们早已习惯倚赖头脑来做决定。要改变自己做决定的方式并不容易，唯有真实体验过什么是回到自己的内在权威与策略，你才会明白其中的差别。

> 人类图使用者分享

回到内在权威的练习

小米，竹科工程师、生产者

我在竹科半导体公司当工程师，工作时经常需要值大夜班。前阵子我对一起值班的同事很看不过去，我觉得她懒惰又超级情绪化，在工作中有问题想找她商量时，她不是推阻就是一直抱怨，因为这样我吃过好几次闷亏。这种相处模式让我很不舒服，这样持续下去也不是办法。自从学会人类图后，我想试着在生活中运用。我知道我的内在权威是荐骨，便等待着有人问我问题，看我内在的荐骨反应是什么。

在这段时间里，当我同事又开始情绪化时，我就离开办公室座位，到厂房内的无尘室工作（我的情绪中心完全空白）。这样几次之后，助理发现我们的互动有异，私底下问我是不是工作上发生了相处的问题，当时我的荐骨发出肯定的声音，我便试着跟助理说明情况和自己的困境。很奇妙的是，我说着说着竟然对这位同事的嫌隙释怀了，我发现她会这么愤怒是因为她不能做自己，对于周遭一切人、事、物充满愤怒，所以负面能量才这么多，而我无须承接或负担她的人生问题，将之当成自己的问题来生气啊！我只要做我自己，好好工作就好了。

这次回到内在权威的练习，让我了解该怎么跟她相处，不计较但也无须逞强，适当装笨，运用理直却气和、温柔而坚定的工作智慧。

> 人类图使用者分享

处于暴风雨中心而不慌乱

布拉德利（Bradley），律师、生产者

我是最近这半年开始接触人类图的。从《人类图去制约之旅——一个人的革命》的作者玛丽·安的课程中，我得知自己的情绪中心有颜色，情绪中心是我的内在权威，这意味着我不能当下做决定，需要等待或长或短一段时间后，所做的决定才会是最周全的。有趣的是，当我理解这一点再回头检视我的工作，发现我的确是在这样使用我的内在权威。

我的工作是律师，我常常觉得一个案子的结果往往在一开始便已决定，自己接下案子后是否有充足时间准备完善，会强烈影响到结果。所以在一开始我会花很多时间了解案件，跟客户讨论。而刚接触一个案件时，我在第一时间根本无法预测会赢或输（我又不是算命的！），但是在对大量文件或证据的整理过程中，我有时会突然出现灵感，或者慢慢浮现对这案子的想法。当这灵感或想法出现时，我便会清楚地知道这可能是我所能想到的最好的想法。这想法不可能百分百完美，但至少是到目前为止对我方最有利、伤害最低的结果。

以实际诉讼来举例，当尚未开庭，也尚未与对手互动，一切混沌未明时，我当然不知道结果会是如何。我的"已知"是我有一手牌，

我可以检视所有事件、证据、证言，在脑海中反复推演该怎么打这局牌，在全面思考后，整件事情的轮廓便慢慢出现。也就是说若等候时间够久，我要如何进行诉讼的主轴会自然浮现，该出手哪一张牌，途中如果对手出怪招，我又该如何应对等步骤，都是沿着这条主轴发展的。

有些案子很重大，但是性质单纯。也有些案子看起来很简单，但牵涉的人和事很复杂。不同的案子需要准备的时间不一样，但只要等待一段时间，不管什么案子我都必然能大致判断出结构与轮廓。

当然，我偶尔也会遇到无法准备充分就得上庭的状况（苦笑），那种感觉简直像身在暴风雨中的小船上，动荡摇晃，内心非常震撼。但只要经过一段时间准备后，虽然暴风雨依然存在，可是至少在这艘小船上，我能分辨出东南西北，了解自己有哪些筹码与条件，也会大致知道该怎么应对。这种时候，即使还是会紧张，但至少不慌乱，很多事情便能冷静应对，所以外人觉得我一副轻松自在、运筹帷幄的样子，却不知道我内在的波浪始终没有止息。

理解自己的设计后，最大的收获是知道原来这是自己运作的方式，而且这方法原来自己天生具备，无须外求或辛苦学习才能获得。特别是在看到玛丽·安回到内在权威这么多年后，她可以活得那么自在，我想这也是我理想中的状态吧。

> 人类图使用者分享

听到我的内在权威，重新感受到我的身体

凯蒂（Katie，香港特别行政区学员），公关、投射者

我是投射者，我的内在权威是直觉，人生策略是等待被邀请。我真的很喜欢我的直觉，它是我非常好的伙伴。我还记得人类图第一阶课程，讲到直觉中心的时候，同学问："怎样分辨直觉的声音？"当时，直觉中心有定义的投射者阿历克斯（Alex）老师回应："直觉的声音只会在当下出现一次，它可能是一句话、一个影像或讯息。如果它在短时间出现好几次的话，那很可能是脑袋的声音而不是直觉。"

我记得当时我还是很不确定，那个令我存活、保护我的直觉声音到底是什么。活了三十多年，听脑袋的声音已经够多了，突然多一个直觉，而且发声契机只在一瞬间。怎么区分呢？而且身为内在权威是直觉的投射者，假设千辛万苦等到了邀请，我却分不出直觉的响应是"是"或"否"，那该怎么办？（对，这就是超典型的脑袋对于自己无法理解事物的一番吵闹，哈哈。）

学习人类图快两年了，我的直觉常常提醒我：大太阳天出门前，它会让我眼紧盯着雨伞，要我带着免得待会儿下骤雨时着凉；它曾经让我凭一通电话的声音，在香港特别行政区某一个郊野公园的某处右拐弯找到了当时要寻找的人。全香港特别行政区有二十多个郊野公园，当时我脑海里只飘来一个特定郊野公园的影像，而在某一个路口，我

突然听到"右转"，然后就以百发百中的漂亮姿态找到了。听起来很神奇吧！就好像我们平常说的"灵感"。

有人问，那邀请到来时，直觉的响应是怎样的感受。我这个拥有 64-47 影像信道的投射者，体会也是影像派的。我的感觉是我的直觉是一个小精灵，她听到邀请，会飞起来转一圈，然后肯定地大叫"好！"否则，遇到她不想的，她要么会装着没听到或没听明白，要么是叉着腰猛然转身向我强烈地说"不！"哈哈，挺有性格的。

可能你会问，我要怎样练才听得到直觉呢？我的体会是——关掉脑袋。

假如你的直觉有定义，那么你便可以信赖你直觉的声音。直觉一直都在，时时刻刻始终保护着你，唯一最大的障碍物是脑袋。我的体验是，脑袋通常都在它没办法分析的情景下不停乱叫，这个情况在我最初学习人类图并开始应用在生活里时表现得特别严重。在我学习人类图之前的三十多年，我都是倚赖脑袋分析并做决定，当我决定要听从身体的那一刻，脑袋立马崩溃。当它知道它的权力快要被剥夺时，它不止一次奋战，以比我直觉的声音吵闹 100 倍的方式狂叫。

那段回归内在权威、放下脑袋的路途真的不容易，很辛苦，充满不确定性。但再苦的时间都会过去，当那一刻，我再次听到我的内在权威，重新感受到我的身体，感应到它细密敏锐的触角，那是一种多么安心的体会。因为我知道，从此我跟自己在一起。一个完整的我，无须向外诉求。邀请到来，直觉响应，这些决定就能一步一步带领我走到我人生的路途上，直觉把一段一段的轨道铺上。方向、轨道长短它都已经知道了，而我只需安心地开着我的小火车，按照我的步调向前开，沿路静心欣赏只专属于我的人生风景。

愿你也走上属于你的人生轨迹，以专属于你的姿态绽放光芒。

> 人类图使用者分享

不是没有路，只是还未到

凯西·司徒（Kathy Szeto，香港特别行政区学员），人才发展及培训、生产者

2015年9月，我上了人类图第一阶课程后知道，根据我的设计，我要做决定时应该让荐骨的声音来引领，而不是靠头脑思索。在课堂内做了荐骨练习，同学问我："你想换工作吗？"我的荐骨居然回应说："嗯。"就这样，完成课程后，我开始找工作。幸运地，我只申请了一份工作就成功转职，离开待了8年的旧公司。

面试期间，我觉得跟面试的上司好投缘，在新公司开始工作后，也觉得跟她好合拍。可是，由于公司老板及文化问题，她后来辞职了，留下我独自面对这公司的诡谲处境。后来，新上司上任，我开始遇上一连串前所未见的事情，我立即找前上司求救，她教我如何应对与退场，最后我终于安全地全身而退，离开了那家公司。

可是，这也意味着，我没工作了！对于没有安全感的我，这真的好可怕。我请丈夫问我的荐骨："你害怕没有工作吗？"荐骨秒速抢答："哼哼！"（否定的语气）我的头脑大叫："荐骨你竟说不！你知不知这意味着什么？这是没有收入、没事可做耶！你这个荐骨可真是不知人间疾苦！"这时候我开始怀疑，为什么我第一次听从人类图的

建议，以荐骨来做出人生决定的结果如此挫折，不但去了一家鬼公司，最后还被迫失去工作。

无业的第一个月，我自我安慰这没有什么不好呀！不再超时加班，可以静静地温习人类图，也可以大看特看平日没时间看的书。那时候，我真的很用功，每天可以看人类图的书10小时以上而乐此不疲。但到第二个月，头脑的负面想法汹涌而来：香港的经济状况真的差成这样吗？我的履历表有问题吗？我比其他求职人差吗？怎么两个月过去了，连一个面试机会都没有？直到7月23日下午，前上司找到我，问我有没有兴趣去她的新公司帮她。单只是看着她的讯息，我的荐骨已经"嗯哼"地同意了！而我的脑袋冷静地想："工作内容还不知道，要先问清楚才能给前上司回应。"但事情发生得好快，根本不容我多想，前一晚收到这家公司的人力资源部约见，次日早上十点面试。过五关斩六将见过公司主要主管后，去附近吃午餐时我就收到确认电话，要我后天就去上班！

我真真切切体验到，这大半年，荐骨带我走了一段奇妙之旅。先是带我走出工作了八年多的舒适圈，接着让我去一家不对的公司，为的是要遇上投缘又赏识我才能的前上司，再让她介绍我到现在的新公司。我亲身经历了阿历克斯（Alex）老师说的，荐骨不是带领我们逢凶化吉，而是引领我们人生每一步都走在正确的道路上。有时荐骨看似带我们走到错误的地方，其实不是没有路，只是还未到！

第五章

十二种人生角色

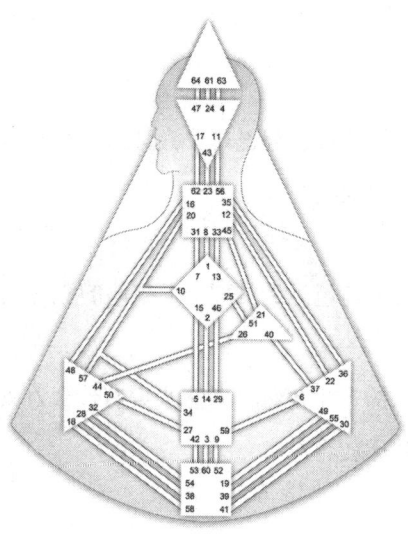

你如何与外界建立关系,
揭露的是你与外界互动的行为模式,
你如何与别人相遇,如何发展出自己的人际网络,
如何以独特的方式来发挥自身影响力。

关于人生角色，
大家最常有的疑问是……

☉ 人生角色是什么意思？每个人都会有吗？人生角色会随着时间而改变吗？

⊕ 十二种人生角色，是类似十二星座的概念吗？

☽ 知道自己的人生角色，对我来说有什么好处？哪些人生角色跟我比较合？

第五章 十二种人生角色

类型	人生角色	定义
投射者	4/6	一分人
内在权威	策略	非自己主题
情绪中心	等待被邀请	苦涩
轮回交叉		
Right Angle Cross of Tension(38/39|48/21)		

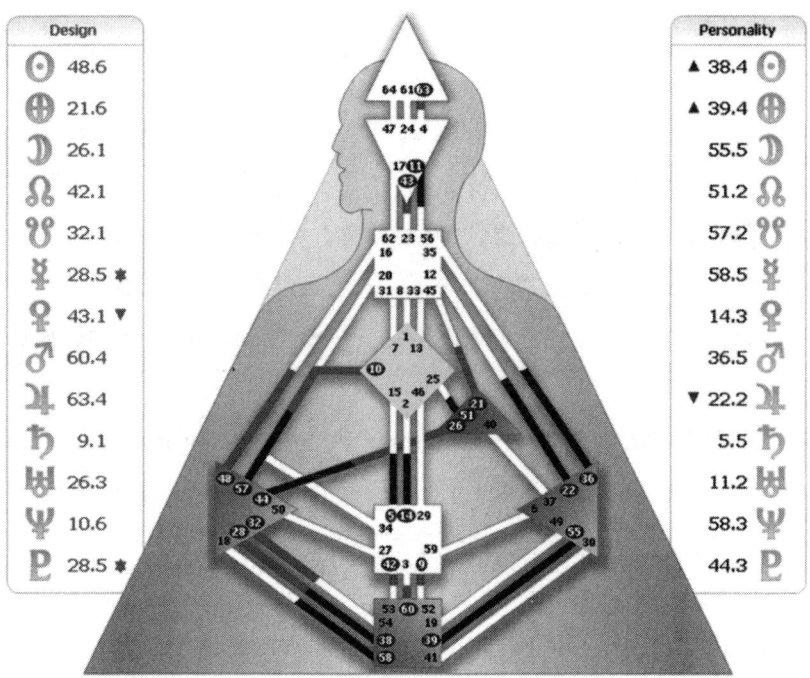

图 25　人生角色

人生角色，是你与外界互动的方式

每个人都有自己的人生角色

想象这个世界是个巨大的轮轴，由各式各样的人所组成，每个人的特质与才华皆不同，各自站在不同的位置上，各司其职，做出贡献。在这世界上活着，无人能独立于一切之外，我们相互支持、彼此依赖，以各种有形或无形的方式串在一起。人生这段路上，你一定会与某些人相遇，也将发展出自己的人际网络，与外界建立联结，进而扩展自己的影响力。

人类图的人生角色，揭露出每一个人与外界互动的行为模式，如果能真正了解自己，就不容易人云亦云，就不会认为自己该模仿他人，或甚至违背本性，勉强自己以不适合的方式与人联结。

了解自己的人生角色之后，你会恍然大悟，不管是与家人相处、交朋友，或是在职场上向外扩展，原来只需回到自己的内在权威与策略，回归自己的角色。不必伪装，也无须自责，我们各自站在不同的位置，随顺宇宙的轮轴运转，彼此支持，相互映照，有其条理也有其秩序。你不必模仿别人，只要单纯回归自己的本质，一定能与正确的人相遇，而对的关系将形成绵密而正向的人际网络，将你环绕，顺流畅行。

≡ 人生角色 1/3 的人
人生是一场打怪的通关之旅

  他们喜爱研究，渴望深入探索，总是想搞清楚一切，想明白事物的本质。在别人眼中，他们不屈不挠，愿意不断尝试，在失败与碰撞中坚持着，同时也具备强大的适应能力，坚信凡事一定要亲身去经历，才能在跌倒与犯错之中，找到行得通的解决之道。

  他们以为自己活得平稳安定，人生经历却精彩无比，像是人生闯关游戏中的主人翁，沿路不停打败怪物得经验，出乎预料获得各种宝物，有时看似已阵亡，一转眼他们已经准备好卷土重来。对人生角色 1/3 的人来说，挫折跌跤真不算什么，那不过是他们升级配备的潜伏期，接下来才能挑战更难的关卡。他们是尝试错误的神人，通过拼搏得到经验值，累积珍贵的人生智慧，唯有在尝试错误中，才能知道什么是对的，什么对自己来说确实可行。

  人生角色 1/3 的人年轻时，易被有规模的体制或系统所吸引，他们热爱研究，而稳定的体系里总会有许多可供学习的东西。他们满怀热情，认真投入，但往往当一切上手了，或即将被拔擢至重要的职位时，也是他们决定离开的时候。别人百思不得其解，他们却很清楚自己为什么要这样做。这是因为他们在累积足够的经验值之后，会看清体制中的诸多瑕疵，察觉到这并不是自己一开始想要的。放弃之后他们又转向另一个巨大的体系或机构，再一次试图找出完美运作的原型，然后又再次失望，离开，接着再投入，四十岁之前的人生，充满着诸如此类的投入与抽离。直到四十岁左右才会有所领悟："既然没有任何体系是完美的，我何不来创立自己理想中的体系呢？"于是他们开始整合并融合过往经验，而过去行得通或行不通的经历，都是很好的学习。他们看似跌跌撞撞的人生，其实累积了丰富的经验，而他们的学习与适应能力极强，一旦独当一面，也很快能厘清现实状况，他们有弹性也有能力做出调整。也因此，人生角色1/3的人往往能在这种尝试错误的过程中茁壮成长，建立属于自己的体系或架构。

他们不喜欢太黏腻的关系，对他们而言行得通的关系，必须在联结与断裂之中取得平衡点。他们在尝试错误中，找寻适合自己的对象。这些皆是必要的学习过程，唯有和不对的人说再见，才有机会遇到下一个对的人。

人生角色1/4的人
他们是最专业的好朋友

人生角色1/4的人天生喜欢研究，他们懂得愈多，在知识体系的基础愈稳固，内心愈踏实也愈有安全感。他们也容易给人友善亲切的感觉，非常容易建立自己的人际网络。他们是每个人温暖的好朋友。他们愿意为朋友付出，可以尽心尽力不求回报。人生角色1/4的人或许认为自己孤僻内向，但事实上，他们周遭环绕着一群情义相挺的好朋友。

人生角色1/4的人喜爱研究，也热爱与亲朋好友分享他们的研究心得。这样的方式看似寻常，却能在无形之中散发出巨大的影响力。口耳相传是最好的传播方式。人脉是人生角色1/4的人此生最棒的资产，正确的朋友与人际网络，总会为他们带来机会，而这些机会蕴藏着各种向外扩张的可能性，也会带来滋养与支持。相反，错误的人际圈只会让人生角色1/4的人耗尽精力，若处于错误的人际网络之中，长期下来他们会疲惫不堪。

当人生角色1/4的人面对欺骗、背叛或关系断裂时，他们会伤心也会难以承受,往后要与他们重修旧好的可能性也低。加上大部分的人以为人生角色 1/4 的人很亲切,很好相处,导致往来时容易越界,或忘了体贴他们的处境,以为双方关系熟络,交情够,他们应该不介意,其实并不然。在他们状态好的时候,这些都是小问题,但是当他们累的时候(顺带一提,他们的身体容易疲累),就会从好朋友的状态中抽离,变得刻薄而疏离。这时候他们需要时间独处,才能重新回归内在的平衡。

人生角色 2/4 的人
既害羞又大胆的天生好手

人生角色 2/4 的人需要独处,他们是隐者,喜欢宅在家里,又往往是某个领域的天生好手。他们所擅长的天赋,往往是与生俱来的才华。他们无法解释自己如何做到、为什么能做到,他们就是做到了。由于他们与人生角色 1/4 的人深入研究的学习过程大不相同,因此内心难免会涌现一股不确定之感,甚至会怀疑自己:"真的可以吗?""我是怎么做到的?下次也行吗?"人生角色 2/4 的人要明白,天生好手就是天生好手,不必找自己麻烦,也不必跟谁解释,何不坦然接受老天爷送给你的才华,好好发挥,让自己发光发亮?

人生角色 2/4 的人总以为自己很害羞,不习惯展现自己,但是在朋友面前,又容易展现大胆活泼的那一面。众人总爱投射许多想法在他们身上,接下来就会寄予厚望,而他们却不见得能看到自己的才能,要如何不负众望,反倒让他们觉得很困扰。他们只想躲起来独处,从大胆又摆荡回害羞那一边。

日渐成熟的人生角色 2/4 的人,会愈来愈懂得如何自处,害羞与大胆兼具，既享受隐居又拥有活跃的社交生活。他们在工作职场上可以非常忙碌、行程繁多、展现所长，同时基于内在对独处的需求，他们的住所往往远离尘嚣，安静又隐秘。家，对他们来说宛如隐居之所，是从频繁的人际关系中抽离，得以修复歇息的避难所。所以他们喜欢以最舒服的方式布置居家环境，为自己打造不受打扰的城堡，在生活中取得内在的平衡。

他们喜欢躲在自己的小天地里独处，做自己真心喜欢的事情，也喜欢与对的朋友来往。对他们来说，正确的人际网络会带来正确的召唤。当天时地利人和、因缘俱足之际，对的人会召唤他们出来，这时他们就能克服内在的羞怯，一上场即艳惊四座，光芒显现。

人生角色 2/5 的人
隐居在孤岛上的奇人异士

人生角色 2/5 的人感觉很神秘，即便是朋友，他们也很少与谁黏在一起，他们喜欢独处，喜欢宅在家中做自己喜欢的事情。但由于天赋异禀，很多事情一摸就会，每当众人有状况需要解决时，人们就会召唤他们出面解决，而看似孤僻爱独处的他们，就会在此时华丽现身，与人联结。他们宛如一座孤岛，在繁华红尘里随意漂流，大隐于市。岛上看似云雾缭绕，外人只觉云深不知处，岛上有高人，因此对他们抱有巨大的期待与期盼。若他们接受正确的召唤，便能为众人提供实际的解决方案。

矛盾的是，人生角色 2/5 的人真心喜欢做的事，与众人对他们的期待不见得相符。在别人眼中，他们的厉害之处可能是企业经营分析，但他们真正自豪的却是自己养花种草的本事，这也是他们一生中持续会碰到的冲突。再加上，他们有强烈的独处需求，若家人或另一半不尊重他们，要求他们做自己不喜欢的事情（即使他们可能很擅长），或希望时时刻刻都要黏在一起，他们极可能会愈活愈隐秘，减少与外界接触。

在此对人生角色 2/5 的人的提醒是，别人很难不对你怀抱期待，若感到有压力，请尊重自己独处的需求。你只需储备能量，为正确的召唤做好准备，下次再出手提供实际的解决方案。

三 人生角色 3/5 的人

不断翻滚，找到解决之道

人生角色 3/5 的人是活在绵羊群里的黑羊，黑羊与众不同，黑羊就是不一样。他们无法按部就班，也无法遵照传统做法依样画葫芦，他们想做一些不一样的事。为什么不？不试怎么知道？试一试不成，再试一下？也因为如此，他们很容易成为群体中的异议分子，让人觉得他们意见很多或老是爱"放炮"。他们会干脆从体制里出走，甚至被驱逐出境，这也包含了建立人际关系，没多久又面临断裂，可以重修旧好，接着可能又会无疾而终，反反复复。这是人生角色 3/5 的人的方式，分久必合，合久必分。没有好坏对错，这只是他们的方式，如此而已。

仿佛是他们的宿命，他们一生下来就是家中最特别的孩子，是家族里被寄予重望的那一个，而在成长的过程中，周围的长辈总会耳提面命，谆谆教诲，期待他们一生顺遂，最好不要犯错跌跤。但是他们偏偏得自己去尝试，就算是错误，也要自己跌得满头包，才肯确定前方真的没有路。也因为如此，他们常常会觉得自己是不是辜负了家人的期待，也不明白为什么偏偏要选一条难走的路来走。他们长大之后会选择离家，或靠一己之力闯出一片天。但当家人需要他们的时候，他们又会立即奔回家，扮演解决问题的重要角色。

这是人生角色 3/5 的人成长的过程，他们总爱多方尝试，总想将所有能试的方法与路径都试过。他们喜欢变化，喜欢刺激，无法忍受一成不变的工作内容。他们也具备优越的整合能力，累积各种不同的经验值，旧瓶装新酒，从中延展出全新的思维与做法，创造出崭新的解决方案。而在这过程中所经历的种种挫折、失败、辜负众人期待，甚至被人嫌恶，都是难能可贵的磨炼。这段旅程看似艰辛，却也成就了丰富有趣的人生。他们以颠覆性的行为带来创新，发挥巨大的影响力。

人生角色 3/6 的人
需要独立空间，历练丰富的人生智者

人生角色 3/6 的人在由年轻步向成熟的过程中，累积了各方面的丰富资历，他们在起起落落与颠簸碰撞之中，深刻体会人生。这条多方尝试的跳跃轨道，看似毫无章法，但他们就是能从中找到事物运行的脉络。当他们经历一切，他们就能以成熟的姿态，综合早年的试错经验，加入看似客观其实抽离的观点，以超然的角度切入，给予前来寻求建议的人以深具智慧的建言，指出应当前进的大方向与架构。他们宛如站在制高点的智者，寥寥数语便能点醒别人，将人从现实的泥沼中拉出来。

他们敏感、挑剔又要求完美，对此生的灵魂伴侣寻寻觅觅。要找到灵魂伴侣已经这么不容易，一旦找到了，他们又发现自己依然渴望拥有自我，黏腻的亲密关系反而会毁掉他们对爱情的渴望。换句话说，他们需要保有自己的空间与时间，这并不代表他们不爱你，他们只是更需要独处的空间，需要拥有自身的自由。

独处对他们来说很重要，这是自我省思，从中汲取智慧的关键时期，这样的需求需要被尊重。当他们需要抽离，只需静待他们归来即可，另一半过于黏腻或控制欲太强，只会引发他们强力的反应，让关系彻底断裂。

人生角色4/6的人
站在高处鸟瞰，总能对整体做出客观评断的人

人生角色4/6的人在12种人生角色中，视野最客观，总能以鸟瞰的角度来评估整体状态。他们亲切又平和，能以客观角度分析各种面向。他们是那种对人最有益，也可能是最令人讨厌的朋友。当你满怀困惑又充满情绪时，他们总能为你提供各种角度、不同层次、各个面向的详尽分析，这些分析听起来冷静客观又深具智慧；而令人讨厌之处也来自那极度的客观。他们不会哄你，也不会一面倒地安慰你，他们不会只站在你的角度跟你一起同仇敌忾。他们愈是分析得井井有条，听起来愈是事不关己，而他们对全局的评断，听起来像是隔岸观火，既抽离又漠不关心。

请相信这就是人生角色4/6的人表达善意的方式。若要客观，适当抽离是必要的，他们希望你看得更清楚，而这就是他们对朋友展现关怀的方式。

他们的最高指导原则是信任，信任一切自有其安排。他们温暖又有智慧，站在制高点，为朋友指出一条清晰之路。他们年轻时会结识

各种朋友，人脉很广；也可能会尝试各种工作与职位，认识很多人；开始建立人际网络，会结识对的朋友，建立长久的友谊，也难免会遭遇挫折与失败，对人性感到失望。他们在 30 岁后会逐渐变得抽离，迎面而来的是一段沉淀期，让他们可以重新思考并重整过去所建立的人际网络。50 岁之后，他们的人生将进入真正成熟的阶段，他们将重新融入世界，成为众人的典范，在充满制约的世界里，活出自己的独特性。

人生角色 4/1 的人
深入扎根，建立平台

人生角色 4/1 的人懂得怎么交朋友，这对他们来说仿佛是内建机制。而周遭的人与他们的互动关系，往往建立在某个领域的知识或专业的供需上。举例来说，他们可能是态度友善的学者，通过自身所研究的专业，与外界建立关系。这可能是一门艰涩的知识，也可以是烹饪或裁缝，只要能让他们深深着迷并沉浸其中，他们很快就会成为专业领域的权威人士。一旦他们构建出稳定牢靠的体系，便能通过与人分享，发挥其影响力。

人生角色 4/1 的人就像一棵大橡树，他们的研究工夫愈是扎实，就像大树向下扎根，根扎得愈深愈稳固，向上的枝叶也会愈来愈茂密，最终必然会开花结果，吸引各式各样的人，在大树下栖息与交流。换句话说，他们是以知识为根，以亲切友善的态度，经营并发展社群。他们深入研究某项知识或技能，进而提供相关平台，供大家交流与学习。

他们的稳定度高，就像火车行走在铁轨上，有其固定的轨迹。他们按部就班，顺着人生轨道向前行。现在是过往的延伸，而未来则是现在的延伸，一切皆有其铺陈与关联性。他们可以友善，但是天生的个性刚硬又固定。这也意味着他们缺乏弹性，刚直而稳固的同时，底层也隐藏着碎裂的可能性，若有一天无法承受就会碎裂，一旦碎裂之后，极难复原。换句话说，适应并非他们的强项，但稳固的根基，其力道之强却无人能比。提醒人生角色 4/1 的人，回到内在权威与策略，一定会找到自己真心喜欢、渴望深入钻研的领域。无须理会来自外界的拉扯与杂音，请投注时间与心力，笔直地往目标迈进吧。

人生角色 5/1 的人
一出手，就解决问题的大将军

人生角色 5/1 的人是将军，当他们现身，必定是有状况发生，而他们是来解决问题的人。若是西线无战事，天下太平，他们会独处，好好钻研兵书，深入研究直到专精透彻。养兵千日用兵一时，当众人请他们出面解决难题时，他们可是解决问题的能人，一出手便知有没有，胜负当下立见。而这也道出了他们最重要的课题，他们必须要有实力，能提出实际的解决方案，唯有满足众人的期待，将事情圆满解决，才有机会声名远播，发挥更强大的影响力，影响更多人。

将他们形容成将军，除了他们擅长解决问题之外，也是因为他们天生带有神秘感，注重隐私，与朋友聊天也多半聚焦于外。他们的能量外围场宛如带着一圈光环，光彩耀眼，但是住在光环里面的那个人，到底是什么个性，是个什么样的人，只有少数亲近的人知道，外人看不清。也因为始终看不清，旁人只好将各自的想象，尽情投射在他们身上，期待他们宛如救世主般降临，解决所有难题。他们要承担起众人的期盼，真的很累，但是这也为他们带来许多好机会。

他们擅长影响陌生人，而陌生人又通常是慕名而来，基于他们过往的历史，战功彪炳，名声响亮，才会怀抱期待提出邀约。这是绝佳的机会，若能一战告捷，就此威名远播。若不幸搞砸了，坏事传千里，名声也会快速崩坏。如果你是人生角色 5/1 的人，请不要打没把握的仗，不必担心自己怀才不遇，不必着急，平日深入研究好好扎根，将自己准备好最重要。有朝一日，你不仅能提供实际的解决方案，也能无远弗届地发挥自己的影响力。

人生角色 5/2 的人
总爱怀疑自己的天才

人生角色 5/2 的人天性害羞，习惯躲起来做自己喜欢的事情，这让他们很自在。但是总会有人辨识出他们的才华，不断召唤他们出来，期待他们能施展所长并解决问题，而这些问题涵盖的范围很广，例如从园艺到国家政策。在某些领域他们一做就上手，还是个中好手，于是又引来更多人希望他们帮忙，而过于抛头露面，又会让害羞的他们感到矛盾。他们也不理解自己到底是怎么一回事，就算技惊四座，他们还是会对自己心生怀疑："我都不确定自己的问题该怎么解决，为什么你们会认为，我可以解决你们的问题啊？"这让他们面对来自外界的投射，感到特别不自在。

他们天生敏感又害羞，唯有接受正确的召唤，才能大展身手。大量时间独处对他们来说是必要的。适时切断来自外界的期待，让自己有足够的空间与时间得以休养，这是保护自己并滋养自己的绝佳方式。人生角色 5/1 的人通过研究，稳固根基而拥有安全感。人生角色 5/2 的人则是天赋异禀，却搞不清楚自己究竟是如何做到的，而内在的这股不确定感，一直隐藏在内心深处，让他们感到脆弱又不安。如何在内心取得平衡很重要，否则既要应付各种期待，又要消化自身的不确定感，会让他们疲于奔命，最后反而选择遁入极端的隐居生活之中。

三 人生角色 6/2 的人

敏感又超然的人生典范

人生角色 6/2 的人看事情看得很远，很超然，他们不仅志愿宏大，也具备鸟瞰全局的能力。他们不会小鼻子小眼睛，也很少拘泥在凡尘琐事上。他们能洞悉并看透这世间事如何运作，也因此在内心深处，有远大而高远的理想，总觉得自己生来要做大事。

只是做大事的道路挺漫长，在 30 岁之前，他们不断碰撞，在试错中翻滚，加上又非常敏感，注重隐私，喜欢隐居。年轻时面对来自外界的各种冲击，他们常会感觉处处受挫，有种力不从心之感，而这也让他们忍不住开始怀疑自己，到底是曲高和寡，还是眼高手低呢？

你可以说他们是乐观主义者，但是这并不代表他们在碰撞的过程中，没有受过伤。他们依旧愿意相信，或选择相信一切会有最好的安排，人与人之间真正能凭据的并非制式合约，而是相互信任。他们是君子，即使面对陌生人也不例外，但是这种过于理想的性格，也让他们在职场与商业运作上，容易受骗受挫，一而再，再而三，对人性感到失望。

在 30 岁之后，他们不免会出现抽离的心态，开始认真反省并沉淀过去的种种，甚至感觉自己对许多事情，不再像年轻时那样热情投入。这会是一段沉潜期，而他们将重新沉淀、多方观察并整理出睿智的人生经验，在此阶段他们也会吸引许多渴望获得指引的人前来询问。接着在 50 岁之后，他们将迈入成熟期，随着岁月的洗涤，重拾乐观与清明。他们将传递自己年轻时的碰撞与其后的省思，以及人生的智慧精华，为更多人带来启发。

他们天生站在高处看人间，无法妥协，他们寻寻觅觅，不愿屈就。不管是工作、感情或朋友，内心期待的是遇见伯乐、知己与灵魂伴侣，他们认为人与人之间，本就该相互敬重相互支持，若他们信任你，与你建立关系，往往长久而美好。但若有一天信任破裂了，再建立的概率也很低。

人生角色 6/3 的人

人生所经历的一切，没有错误，只有智慧的累积

人生角色 6/3 的人抱持着远大的理想，在脑海中有一幅美丽的蓝图。他们对自己的期许很深，立志一生要闯出一番大事业。但是，他们实际的生命历程，却是在尘世泥泞中跌跌撞撞，遭遇诸多曲折与坎坷，在不断碰撞与打击中，体验着理想与现实的差距。但是不要紧，他们总是乐观以对："世界并不完美，本来就是如此，所以我们可以再调整再适应，在不完美的世界中，永远可以找出行得通的路。"

他们年轻时会经历一段试错期，遭遇许多人难以想象的挫折，例如乔布斯就是这种人生角色的典范。他以早慧天才之姿，建立企业王国后却被驱逐，重新创业获得成功，接着又面临其他挑战。这种人生在别人眼中简直是伤痕累累，宛如沉入深海中的泰坦尼克号。有些人可能会因此变得愤世嫉俗，悲观沮丧，暂时从人际关系或职场里抽离沉寂，但他们不会消沉太久，经常是暂时撤退，从中学习并成长，而

乐观进取爱冒险的天性，又会驱使他们投入下一次全新的体验。

他们是我们最好的人生老师，带给众人深刻的启发，因为他们所经历的这一切，不管在别人眼中看来多折腾、多颠簸，他们都能将之视为珍贵的人生经验，以超然的角度切入。他们明白唯有从烈火中重生，才能蜕变，才能从中汲取成熟的智慧。而这独特的生命之路，是为了淬炼出更纯粹也更圆融的灵魂本质。

他们比自己以为的更为坚强，也更强大。他们累积生命经验值，不断看见生命的各种可能性，最终不管是他们的人生，或他们所创造的一切，都会成为典范，让我们窥见生命本身的巨大可能。

关于人生角色

- 每个人都有自己扮演起来最舒服自在的角色，这是你与这个世界和周遭人们互动的模式。
- 不同的人生角色有各自的模式，有人适合闭门研究而后解决问题，有人试错之后得到人生闯关秘诀。你的人生角色是什么？符合你与外界往来的方式吗？
- 不同的人生角色都有其存在的必要性，这是每个人活出自己之后，贡献并发挥自身影响力的最佳模式。

Q：我好羡慕别人的人生角色，可以换吗？我该如何活出自己的人生角色？

A：不能换喔。每个人都有自己的方式与外界建立联结，理解自己的人生角色，进而接受这就是我与人互动的模式。许多人都会有恍然大悟，甚至如释重负之感。比如说，人生角色 1/3 的人若能了解自己就是会在跌跌撞撞、不断试错中研究出属于自己的路，就不会再拿自己与人生角色 2/4 的人相比，羡慕他们是天生好手、朋友满天下。每种人生角色都有独特之处，这就是你与外界建立关系的方式，如此而已。至于如何活出自己的人生角色，放下比较是第一步。你不必特意做些什么，只要时时刻刻回到自己的内在权威与策略来做决定，很快地你会发现，你正以自己人生角色的方式与外界联结，自然而然一点也不费力。

小提醒

人生角色 1/3 的人——人生是一场打败怪物得经验的通关之旅

人生角色 1/4 的人——他们是最专业的好朋友

人生角色 2/4 的人——既害羞又大胆的天生好手

人生角色 2/5 的人——隐居在孤岛上的奇人异士

人生角色 3/5 的人——不断翻滚,找到解决之道

人生角色 3/6 的人——需要独立空间、历练丰富的人生智者

人生角色 4/6 的人——站在高处鸟瞰、总能对整体做出客观评断的人

人生角色 4/1 的人——深入扎根,建立平台

人生角色 5/1 的人——一出手,就解决问题的大将军

人生角色 5/2 的人——总爱怀疑自己的天才

人生角色 6/2 的人——敏感又超然的人生典范

人生角色 6/3 的人——人生所经历的一切,没有错误,只有智慧的累积

> 人类图使用者分享

解开了我一生中的纠结

大卫·冯（David Fung，香港特别行政区学员），培训经理、生产者

大约在两年前，我有机会接触到人类图，并且认识乔宜思老师。通过人类图课程，我对人生角色的理解，有了深深的体验。

当我知道自己的人生角色是 6/2 的时候，再听到乔宜思老师的解释之后，心中泛起会心的微笑，因为这个人生角色完完全全反映了我这个人。

这个信息，给了我很大的力量及支持，也解开了我一生中的结。过去，我在别人的眼中，是一个非常有能力的人，这给我带来了很多压力，但当我了解到自己的人生角色时，我就完全明白为什么有这种状况出现，而人生角色的解读，甚至可以反映到更细微的东西上，例如身体的一些反应，更令我惊诧！

除了了解我自己的人生角色，我还通过学习其他人生角色的特点，更有效地了解到我身边的朋友、亲人及工作伙伴的特质，让我能满足他们的需要，并找到更有效的沟通模式与他们相处。

今年已 46 岁的我，回想起我 30 岁前的岁月，真的是不断从错误中学习。至于 30 岁到现在，我是将过去所累积的学习成果好好地运用，现在所遇到的问题，我都能从容地一一面对。很期待在 50 岁后，真正

体验什么叫人生的典范。如果能够更早认识人类图，我相信我的人生会更加精彩，哈哈！

当我认识人类图之后，我除了对自己的人生角色有一定的了解之外，也能理解其他 11 种人生角色，无论在工作、人际关系、家庭关系方面都有很大的进步及提升！这是我对人生角色特别有感觉及体验的原因！

借此文特别感谢人类图进入我的生命！

> 人类图使用者分享

让我真实地了解我的儿子，解决了教养的困惑

乔伊·陈（Joy Chan），牙医、生产者

我儿子小时候对于喜欢的人（即使是陌生人）非常热情，但是对于不喜欢（我很难搞懂他喜欢的标准）的人却非常不礼貌、不友善，甚至会当面直接翻白眼说："我讨厌你……"这样的态度即使对亲戚、朋友，或帮我很多忙的助理阿姨们都一样，而且很难有商量的余地，因为他会说："可是我就真的不喜欢他们啊！"如果劝说开导他，他的反应会更激烈，甚至不想出门。

两年前，我非常苦恼，他已经到了读幼儿园中班的年纪，但是他非常抗拒参与团体学习，即使是上不到一个小时、人数不多的幼儿律动班，他都坚持我必须要陪着他。关于上学这件事，他的回答一律都是："我不要去上学，除非你可以陪我一起待在那里。"面对这样一个即将要上学的孩子，我真的很苦恼，即使我在工作上接受了专业扎实的"行为改变技术"训练，来帮助孩子们克服恐惧，我也非常明白分离焦虑等，但我自己这个固执的孩子却让我有十足的挫败感。我已竭尽所能来养育他，但，为什么这样？我该怎么办？

那时，我刚接触人类图不久，即使明白每个人都是独特的个体，可是对于我儿子的很多行为表现与难以教导，我还是非常困惑。很

幸运地，我上了人类图的教养课程。我儿子的人生角色是 2/4，我发现原来对我儿子来说，独处很重要。他天性害羞且挑剔，退缩而有所保留，常常是极度害羞又异常活泼。但同时他给人的感觉又非常友善，擅长社交、发挥影响力。如果拥有对的关系，就会是健康的。了解了这些，我恍然大悟，原来我儿子如实地呈现了他人类图的设计，他在未被制约的情况下，本来的模样就是这样啊！

我后来决定离开我的工作跟原本的居住地，很幸运地找到一个愿意让我在教室里陪小孩上学，甚至陪着睡午觉的幼儿园。陪伴了一段时间后，他每天很愉快地去上学，最近还因为很多小朋友都当他是好朋友，被老师说是小小人气王。学习上面，我只要在旁一直鼓励他，连拼音、骑自行车等，他竟然都奇迹般地在很短的时间内学会了。

不过，当妈妈的路从此一帆风顺了吗？当然不是呀！儿子由于内在权威是情绪中心的三分人，连平常要不要出门这种事也常出尔反尔，经过一段时间才做出最后决定，这对于必须收拾、准备东西及安排规划的妈妈来说，是很恼火的挑战。但，人类图很棒的是，它提供了很具体的图像以及广泛涵盖许多层面的知识，让我们真真切切了解到，每个人都是那么不同的个体。认识到不同，才能真正尊重自己尊重别人（包括小孩）。一旦真心接纳了这些不同，僵持的关系就比较容易缓和，一切就会往好的方向发展。以我儿子来说，我只要好好陪伴照顾他，让他身心健全地成为"他自己"就好了呀！我又何须杞人忧天？这样当妈妈，真的轻松太多太多了，欧耶！真是太棒了！！

> 人类图使用者分享

人生为我带来冲击，我也冲撞生命

"小姐非常有事"，电影业、生产者

第一次与乔宜思见面，她对我说："如果你是我的孩子，我就会帮你准备好安全帽、护膝、护腕……所有能保护你的东西。因为我知道，我无法让你避开碰撞，但至少可以让你伤得轻一点……"她道出了我的生命历程，那时我还不知道什么是人生角色。能够通过人类图被认识以及认识自己，让我得到慰藉，无须活在别人的刻板印象之中，这些话语就像魔法一样，当被理解时，其他的解释都显得多余，消散在空中，疗愈机制就自动启动了……

之所以能走到今天，绝对不是因为我是个聪明会念书的孩子，而是我从很小时就一路跌撞爬起；被孤立，再擦干泪；做错了，就学到会，以科学的方式探索问题所在，并用实际的方式去解决它。因为碰撞所以产生联结，也因为碰撞所以受伤，总在跌跌撞撞中学习，无法与人维持长久的关系，必须分开再联结再分开。所以在理智上，我极度讨厌被控制，也对此非常敏感。

很多时候，我渴望远离人群独处，仿佛如此，我才能大口呼吸。我知道许多人不理解，认为这只是一种自私或者任性。最近有一个广告是这样讲的:"我上班当员工,下班当老公,偶尔我也想当当我自己……"大概就是这种心情,我很感激人类图告诉了我这样的事实,不然,我可能会一直在压抑、发疯和愧疚感中活着,因无法长久地与一个人相处而发疯,必须离开某人时我总是心存愧疚。

如同上面所说的,人生角色 3/5 的人的人生是由大大小小的错误累积而成,许多人通过错误来理解自己或被理解,让自己感到好受一点;许多人、事情源源不绝地来到面前,似乎是在挑战解决问题的能力。曾经,我因为倒霉而非常的悲观,久而久之,班机误点没什么,至少行李没掉;骑车摔跤没有什么,至少门牙没掉……大部分人生角色 3/5 的人应该对于收拾烂摊子是相当擅长的,因为他们具有应变的能力,能找出行得通的做法,在紧急状况下,能快速分析可行性,再精准执行。这是优点也是苦处,这使他们容易陷入"为什么老是要我收拾烂摊子"的受害者情结。要逃离这样的崩溃人生,只有回到内在权威和策略,等待被询问是否要协助救援,也就是,当内在权威与策略要你不要收拾烂摊子时,请你接受这个事实,完全放下别再插手;但是同时,一旦你决定成为救援投手,即使被误解、被批评,绝对要相信自己在擦干眼泪后还是有继续往前的能力,不要后悔,也绝对不要中途放手。

> 人类图使用者分享

人生就是用鼻青脸肿换来攻略秘籍

汉娜（Hannah），文字工作者、生产者

我也希望能天赋异禀又与众不同，可惜我既平凡又踏实，还容易犯错。

在学习人类图之前，我时常感受到自己的矛盾，后来才晓得原来这是人生角色 1/3 的人的设计，拥有一个超没安全感、喜欢研究、渴望稳定的头脑，却配上一个健壮、对冒险跃跃欲试的身体，三不五时还要与熟悉的人、事、物断裂关系再重新建立。面对每个刺激冒险的活动，我总会先在脑海里进行沙盘推演，充满危机意识，想象可能发生的意外，研究安全措施与应对方法，可是一旦决定参与，又总是玩得比谁都还疯，比谁都还享受。

比方说到了游乐园，看着园区里各种刺激的游乐器材，如海盗船、过山车，我常常像个胆小鬼，在一旁观察好几遍，甚至上网查看心得、看实境影片，仿佛研究清楚"何时加速、何时俯冲和翻转"就能得到安全感一样。但是等到实际"登上擂台"以后，一切恐惧全被抛到了九霄云外，我变成全世界最大胆的人，只管尽情享受刺激和放声尖叫，那叫声其实接近于欢呼，而且玩完一遍还会想再玩一遍。

每次出国搭飞机，我发现身边很多人生角色 1/3 的朋友都跟我一

样，一定会看空姐空少示范如何穿救生衣和戴氧气罩，但看过真人示范后还不放心，还会拿起椅背的图文展示，再研究一遍。

而我们愈挫愈勇的性格，时常反映在真心想挑战的事物上。例如，童年时，我的每个玩伴都会骑脚踏车，只有我独自呆站在一旁，反复研究大家怎么骑，跨上单车、踩上踏板，摔个惨不忍睹。但一次又一次的摔车，换得一次又一次珍贵的经验值。"原来这样会重心不稳！""原来那个角度行不通。""原来车型大小跟身体大小的搭配，也有学问！"专注在挑战的当下，我好像不在乎受了多少伤，只要不危及生命安全，尽管伤口反复流血又干涸，我都会不死心地一再爬起，直到不知不觉中学会它。因此，也有人称我们是最好的老师，懂得如何分享用鼻青脸肿换来的攻略秘籍！

大大小小的跌打损伤，是从小身上必有的印记，绷带与药膏是人生角色 1/3 的孩子的必备品。他们可能也经常去医务室报到。我很幸运，有个开明且欣赏我好动的一面的母亲，她没有因为我身上的疤痕和三不五时的碰撞，而禁止我在户外当个快乐奔跑的野孩子，这让我长大后不那么害怕与世界接触，不因此禁锢想挑战和冒险的心，才有可能体验更多风景。

看起来，"爱研究的头脑"配上"爱冒险又容易犯错的身体"，并不那么糟糕或讨厌，冲突感也能转化为很好的合作关系。因为每当犯错后，就能从中研究出错的原因，防范下一次再犯错。认识人类图后就更明白了，失不失败，好像没那么重要了，而是从中学到了什么。

> 人类图使用者分享

寻找知音的灵魂

默默（Momo），金融业、生产者

以前我内心一直有个疑问：我的朋友很多，自己也觉得人缘算好，朋友有事常会来咨询我的意见，但奇怪的是，他们吃喝玩乐的时候很少找我，我好像无法跟别人打成一片或融入团体嘻嘻哈哈。后来我学了人类图，知道原来人生角色 4/6 的人尽管人面广，朋友多，但因为客观又抽离，他们与别人是有距离的。这解开了我内心的疑惑，记得我曾问过朋友，朋友非常惊讶地说，因为她们觉得我不喜欢这些吃喝玩乐的活动，以为我应该"不屑"于参加！她们甚至觉得来邀我去参加这些事情好像有点冒犯我。我这才知道在别人眼中，我是个待在高点的人。她们与我联结的方式是希望我提供关于某些事情的独特、客观的观点。

我如果没有学人类图，一定觉得现在的自己很怪。因为我 30 岁之前在事业上蛮冲的，我的工作性质需要大量与人接触，特别是要拿到大案子，人脉很重要。当时我兴趣广泛，经常因为不同的嗜好认识不同的人，这些我都很喜欢。可是现在的我却没办法勉强去经营人脉，工作上或心态上都偏向于独处与隐居。我现在处于人生第二阶段（30 岁到 50 岁），正是人生角色 4/6 的人待在屋顶上的阶段。我大多数时候独自做自己喜欢的事情，远离人群，很自在也很开心，这种心态上的隐居跟我30岁前的人生截然不同。

　　不知道是否跟喜欢独处有关，我重视精神生活。感情上也是，我会对某个人有感觉往往缘于某个电光火石的片刻，当下产生心有灵犀的神秘感觉，只要没有这种时刻出现，我很难爱上一个人，而在一起之后，即使出现社会地位或条件更好的人也无法取代他。我曾遇到过一个精神上非常契合的人，我们在现实生活很少往来，一年可能只见一次面，但只要一见面便可以聊很多我无法与别人分享的心里话，甚至我还没说话，对方都能感受到我的状况。他仿佛能轻易到达我内心最柔软的地方，我们之间不是通过肢体或者言语沟通，比较像是灵魂层次的沟通，就能看透彼此的状态。这么特别的体验让我知道，原来爱不见得要实质拥有，只获得精神上的满足也很美好。

　　这种神秘的感觉像是，我的灵魂漫游了好久好久终于找到知音，也像是在沙漠中独自行走了很久，终于遇到有人跟你分享他的水。虽然现实中我们这一生都无法在一起，但彼此的感情是存在的。对我来说，精神层次的陪伴与实体生活的陪伴可以分开。但如果我不了解自己 4/6 的设计，说不定会对这件事很困惑。因为别的人生角色的有些人无法体会这样的关系，也无法理解为什么对我来说，精神层面的分享和默契这么重要。人生在世，很多事情只可意会，而且是懂我的灵魂才可能意会得到。

第六章

通道与闸门

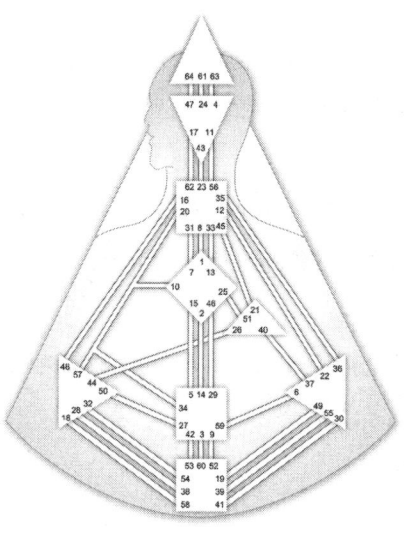

你的天赋才华通道是老天爷此生赋予你的
配备与武器,这是你与生俱来的天赋才华。
一旦你了解自己的设计,
通道的动能将愈来愈顺畅。

关于通道与闸门，
大家最常有的疑问是……

☉ 为什么有些通道是红色，有些是黑色？

⊕ 如果我的通道只通半条，那我拥有这条通道的特质吗？我该怎么做，才能接通所有的通道？

☽ 为什么我的通道这么少，真羡慕通道多的人，他们是不是比较有才华？

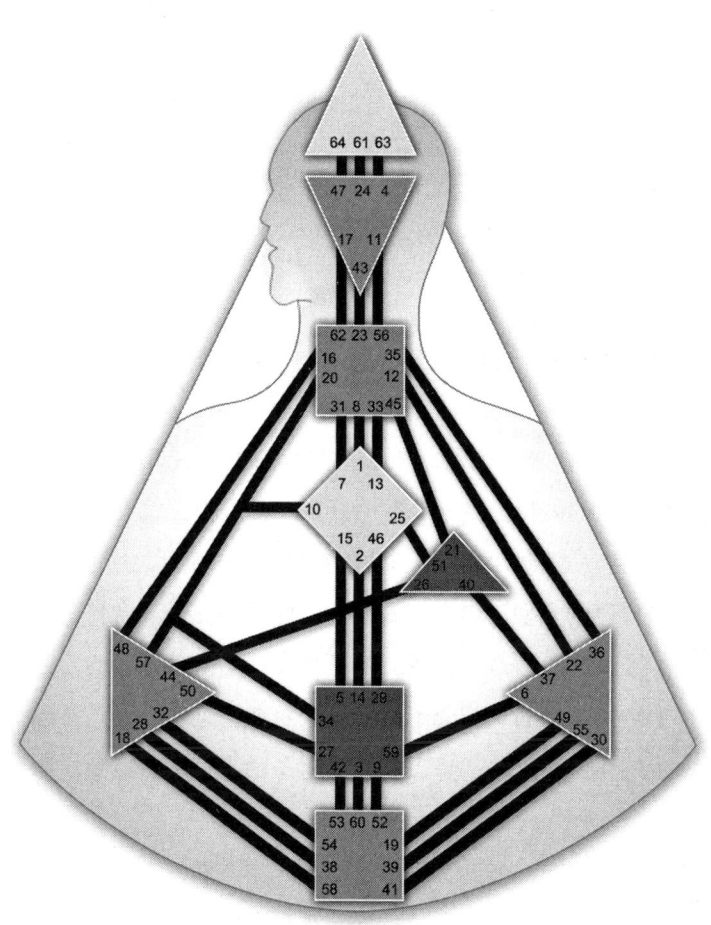

图 26 通道是你的天赋才华

36 条通道就像 36 条生命的动力,也是上天赋予你的最佳配备。

36条通道，上天赋予你活出自己的配备

你真的跟别人不一样！

来到这一章，想必你已经发现，尽管人类图在知识层面十分迷人，也能将每个人的独特之处——区分开来。但人类图绝对不只有理论而已，而是每个人都能实际运用，并落实在自己的生活之中。

知道自己的类型与内在权威之后，你会明白最适合自己的做决定的方式，接下来要面对的挑战，就是当你开始依循自己的内在权威与策略过生活时，你的头脑会不断想介入，加上来自四面八方因为不理解所产生的质疑，这些都是去制约的这条路上，不可避免、需要克服的难题。

真实活出自己，如此美好，这也是人类图所带来的礼物，让每个人有机会回归本质，宛如各种各样的花自在绽放，展现风华，而这一切的基础，就是回到内在权威与策略，为你自己做出正确的决定。

关于能量中心与人生角色的部分，相信你也从生活中的许多实例，察觉到每个人的设计原来如此不同。比如说，情绪中心空白的你，是否总想逃避冲突？试图取悦每个人？而意志力中心空白的你，有没有让自己从自我质疑与自责当中，开始放下，活得愈来愈轻松？而人生角色那部分，有没有解答你长久以来的疑惑，让你更懂

得如何轻松又自在地生活？

打通人生的任督二脉……

当你愈来愈了解自己的设计，就能逐步减少非自己的混乱所带来的干扰，当你开始回归自己的本质，你所拥有的通道才会发挥真正的力量。

通道是生命的动力。通道的两端各有一个闸门，当两个闸门都被开启，这条通道就会接通。若以武功来比喻，你的内在权威与策略是心法，帮助你打通任督二脉，让体内能量流贯全身，让你愈来愈能意识到自己的力量。通道是老天爷赋予你的装备与武器，是你与生俱来的天赋才华。一旦任督二脉打通了，你就能尽情展现自己的力量。

若一条通道的两端，只有一个闸门被开启，另一个闸门没有，这表示这条通道没有接通。此时若有人进入你的能量场，而他的设计导致另一端的闸门开启，对你们俩而言，这条通道就被接通了，这就是两个人之间所产生的火花。同样，若当天的流日图为你接通了某条通道，那么，你可能会发现自己在某段时间里，似乎具备了某条通道的才能。说到这里，你会发现通道的意义，以及通道会如何相互接通，都是非常好玩有趣，也十分实用的知识。

人类图通道的相关知识与应用，请参阅《活出你的天赋才华》一书（华夏出版社出版），书中已有详细解说，本章便不再赘述，接下来就让我们以简明扼要的方式，来说明每条通道的特性。闸门则以概述来表示，欢迎你找出自己的通道/闸门，发掘自己的天赋才华。

≡ 带来灵感、启发的通道 1-8
身为充满创造力之人生典范的设计

你总是充满创意,特立独行,在人群中闪露光芒。你讨厌跟别人一样,正因为你是如此独一无二,你的存在就足以赋予别人力量,带来灵感与启发,让别人也能勇敢做自己。请坚守自己的独特性,珍惜自己就是如此与众不同。

这条通道能够将内心的信念,形之于外,化为语言,所以你说的话充满真诚,能通过语言来引领众人,朝未来的方向前进。

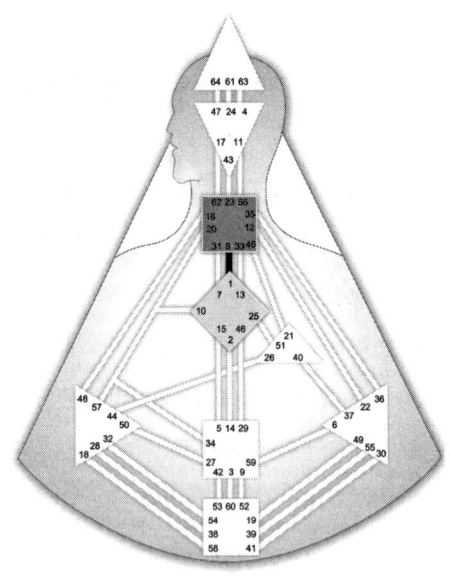

图 27　通道 1-8

≡ 脉动的通道 2-14

掌管钥匙的人的设计

这条通道具有庞大的感染力,拥有这条通道的人能为我们带来突变,若能顺流走,等待生命给你的回应,信任这一切自有安排,你必能为他人指引方向。你是个天生的指路人,仿佛怀抱人生方向的指南针,总是能为别人指出他们该走的路。

你对他人的建言总能一针见血,为他们的人生方向带来即时又直接的影响。

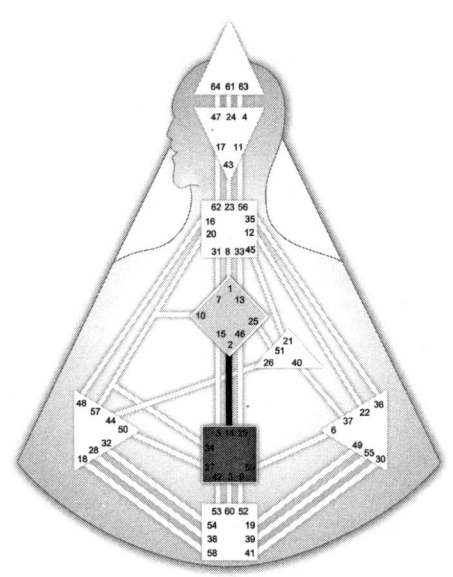

图 28　通道 2-14

突变的通道 3-60
能量在呼与吸之间、脉搏的跳动间突变的设计

这条通道的人有一种特殊能力，可以跳脱以往的框架，自既定的桎梏与限制之中，找到全新的秩序。他们的人生常处于低潮、求存阶段，接着在某一刻又突然曙光乍现，找出原本从未尝试过的应变之道，然后又开始面对下一个限制，再来一遍。如此周而复始循环着，而不可思议的质变，就在这看起来反反复复的周期中发生了。虽然很难预知蜕变何时会发生，以及到底会不会发生，但是，在找出全新秩序的那一瞬间，是如此神奇，让人惊叹不已。

你的内在有一股突变的驱动力，不管从事什么行业都能开创新的局面。你总能为世界带来新的事物。你是革命力量的媒介，为我们带来重要的改变。

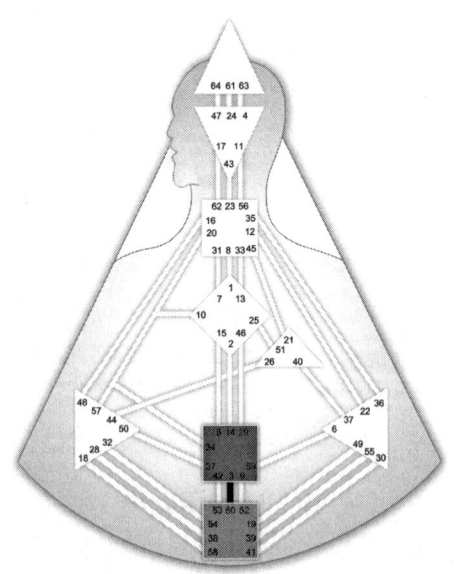

图29　通道 3-60

逻辑的通道 4-63
头脑塞满疑问与解答的设计

这条通道代表科学的、多疑的头脑。脑中会不断冒出各种疑问，持续进行反复的逻辑辩证，无法停止运转。借由理性质疑，来检视一切事物的正当性，最后归纳出足以放诸四海皆准的正确解答。请善用你那持续问答的清晰头脑，解决与自己无关的问题，为世界带来洞见与启发。

你有一颗科学的、多疑的头脑，总是会以理性质疑、自问自答的方式，来检视问题的正当性，找出不合逻辑之处，为这世界与周遭的人们带来问题的解决之道。

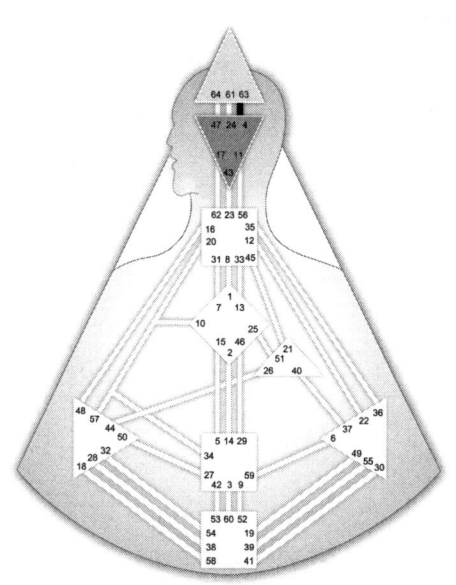

图 30　通道 4-63

韵律的通道 5-15
顺着流走的设计

你有自己独特的韵律，可以顺应环境而改变。你像磁铁一样吸引周遭的人，顺应你的韵律而摆动。你的人生有自己的时间表，请顺着你的流走。当你对自己的节奏感到自在，周围的人也会活得很自在。

当你顺着流走，每件事都会很顺利。若你开始觉得外在混乱，那其实只是反映出你自身的混乱。别忘了你的韵律强大如洋流，周围的人会随着你的流动而摆荡，不快不慢，不疾不徐，交融同拍，相互流动与回应。

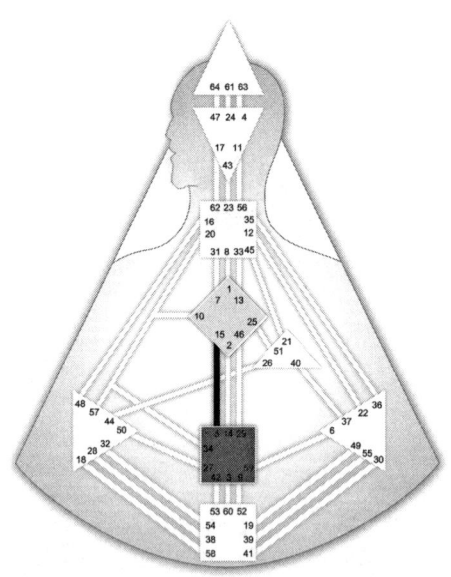

图 31　通道 5-15

亲密的通道 6-59
生产的设计

这条通道充满生产力，代表人类旺盛的生殖能力，具有强大的能量场，能瞬间感染周遭所有人，在极短时间内让大家卸下心防，与你亲近。你的存在是为了打破人与人之间的藩篱，促进人与人之间的互动，共同创造新的思维或作品，让事情可以从无到有。

你具有人见人爱的魅力，别人总会惊讶为何初次相见，就仿佛跟你很亲近。因为你能瞬间与他人亲密，就有机会能整合每个人的力量，众志成城，让事情顺利发生。在此所谓的生产力，除了生小孩之外，也代表源源不绝创造出新的想法与项目的能力。

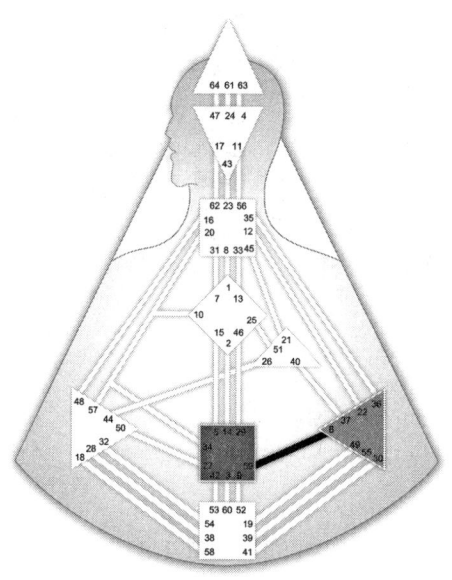

图 32　通道 6-59

创始者的通道 7-31
领导力的设计

你是真正的领导者,因为你能洞悉未来的潮流与走向,从错综复杂的现况中,找出行得通的方法,并发挥广大的影响力,带领群众走向未来。

这条通道所谓的领导人并不局限于政治人物,可以是各个领域学有专精的大师或佼佼者,以其发言或研究,发挥广大的影响力,指引众人走出一条可行之道。

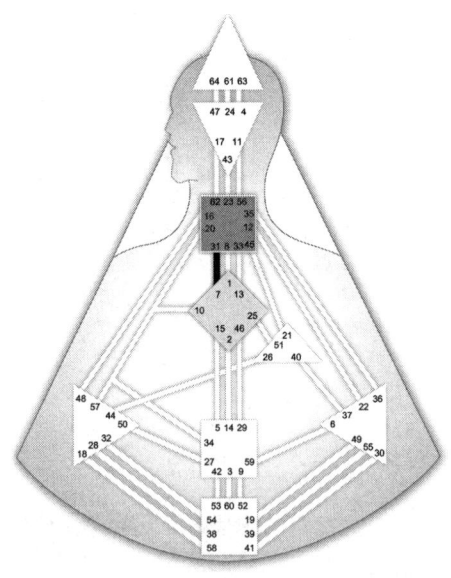

图 33　通道 7-31

≡ 专心的通道 9-52

专注的设计

这是一股来自生命底层、极为专注的力量，擅长集结众人焦点，集思广益，找出可以改进的地方，或创造出更好的运作模式。其抗压性强。面对压力时反而异常沉着冷静。当他们决心投入时，他们的精神会非常集中，能专心审视所有细节，从中理出焦点。

你很专注，当聚焦在某件事时，你同时也能集结众人的焦点，发现其中需要改善之处，因此能集聚众人之力，为世界创造不同。

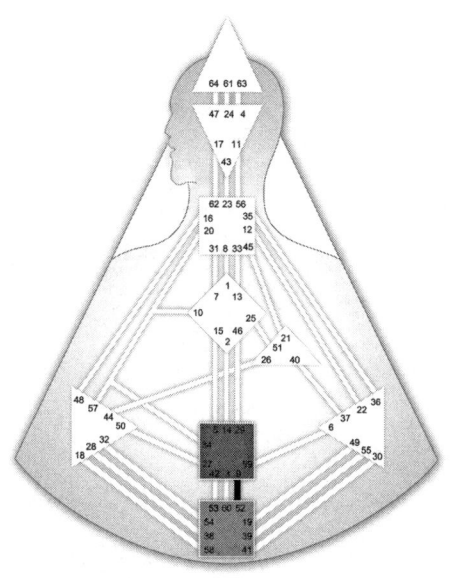

图 34　通道 9-52

觉醒的通道 10-20
承诺去追寻更高层真理的设计

你的人生中,最重要的课题是爱自己与接纳自己。若能时时保有内在的清明与觉察力,你必然能尊重自己,做自己也爱自己。

这条通道的特质抽象且出世,更高的觉知将通过你来呈现。关于人的本质、存在的奥义、该如何自我理解等相关课题,都会在适当的时机,借由别人的提问,让你有机会能完美地表达出来。这是一项充满觉知的特质,你阐扬的是关于自我接纳,以及爱自己的重要课题,这会让人重获力量。

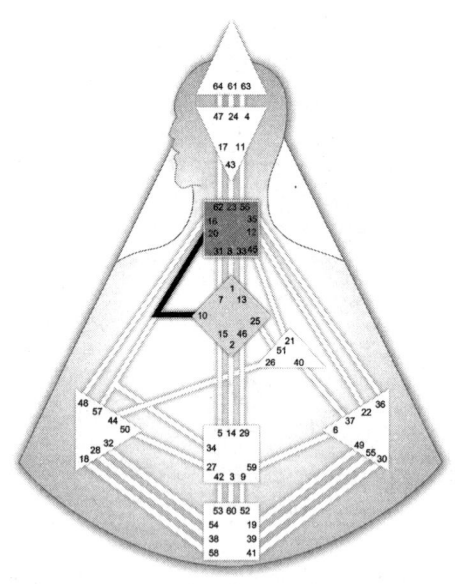

图35 通道 10-20

≡ 探索的通道 10-34

遵循你的信念去过生活的设计

　　源于对生命的爱，信任自己内在的声音，不管这声音在别人眼中有多么疯狂与不切实际，都要遵循自己所坚信的信念过生活。"虽千万人吾往矣"，做自己真心热爱的事，真正的力量才得以展现。

　　这条通道的人若能接纳自己，爱自己，臣服于自己真正想前往的方向，必会从内涌现出无穷的力量，来抵挡外界的阻挠，走出一条属于自己的路。关于人生，你有独特的想法，即使别人一开始不见得认同，甚至试图阻止你，你都要忠于自己去追寻。这并不容易，但会是一条独特的探索之旅。

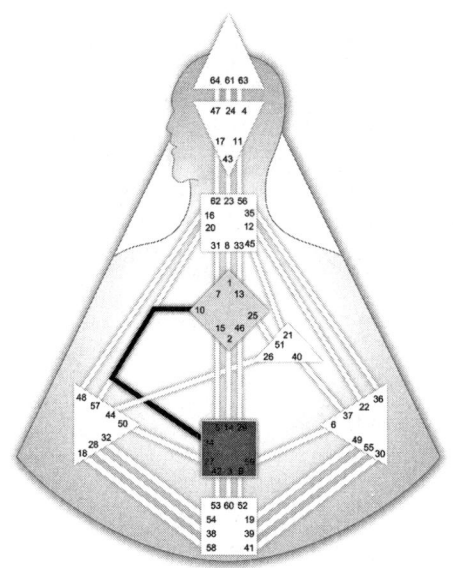

图 36　通道 10-34

三 完美形式的通道 10-57
求存的设计

这条通道连接人生方向与直觉中心。只要顺从直觉,源于内在的喜悦,将美带来这个世界,经由创造出美的事物,便能找到求存之道。这条通道的人借着反复修缮,创造出更好更完美的事物。源自对自己的爱,他们的举止行为都充满美,充满创意。

你的人生是一块画布,主题是求存的艺术。请你顺应自己的直觉,打造出最舒服的居家环境或穿着打扮,当你创造美好时,你的一举一动都是艺术的展现。

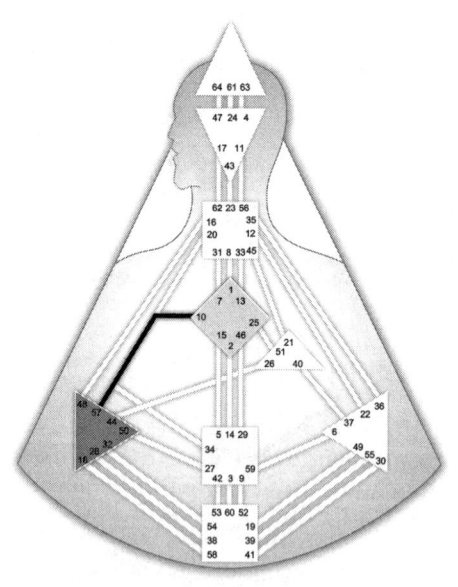

图 37　通道 10-57

≡ 好奇的通道 11-56
追寻者的设计

你有强烈的好奇心,想体验新事物,你的人生就是一段追寻的过程。体验的过程远比结果更重要,请放下对目标的执着,重点不是走到你预定的目标,而是尽情体会这段精彩旅程。满足好奇心也要玩得很开心,就能将自己在沿途看到的、听到的,转化成精彩的故事,借着说故事的方式,给周围的人带来刺激与启发,让他们从中学习。

你擅长说故事,对于语言有绝佳的天分,总是能将人生经验转化成精彩的故事,给别人带来重要的启发与影响。

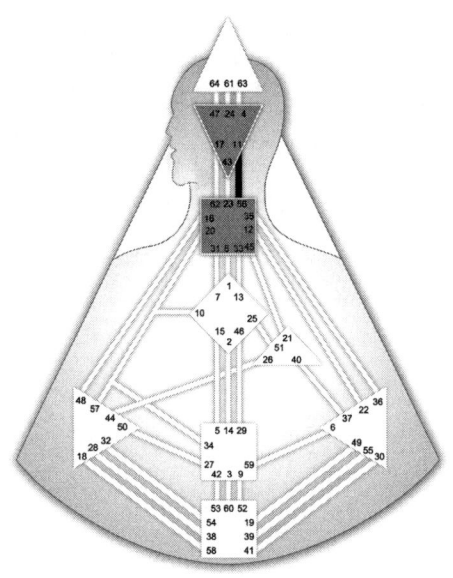

图 38　通道 11-56

三 开放的通道 12-22
社交的设计

你的人生要跟随自己的热情与感觉向前走。你的情绪充满感染力，总会牵动周围人的情绪。请尊重自己内在的感觉，若感觉不对，就不要勉强自己去做。

心血来潮的时候，很容易冲动做出决定，请你对自己多些耐性，学会等待，静待自己的情绪周期上下摆荡，在回归清明之后，再做决定。不要压抑情绪，而是学会坦然面对，并好好尊重它，与情绪的高低起伏和平共存。

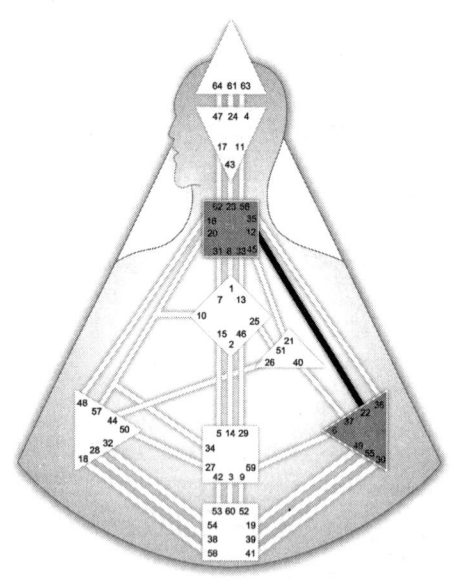

图 39　通道 12-22

足智多谋的通道 13-33
见证者的设计

你擅长累积与收集经验,能牢记在生命中所学习的种种事物,深思熟虑后得到独特的智慧,传递给更多的人,目的是避免众人重蹈覆辙,犯同样的错误。

你在生命中每个阶段不同的体验,最后都能让你对人生有更深的理解。你的感受愈深刻,就愈能轻松看待生命中所发生的一切,见证自己与他人的生命,记录下所有的讯息。独处对你来说非常重要,通过独处,你才能好好消化并整理自己所经历的与听来的事物,沉淀,从中省思,记录并保存。

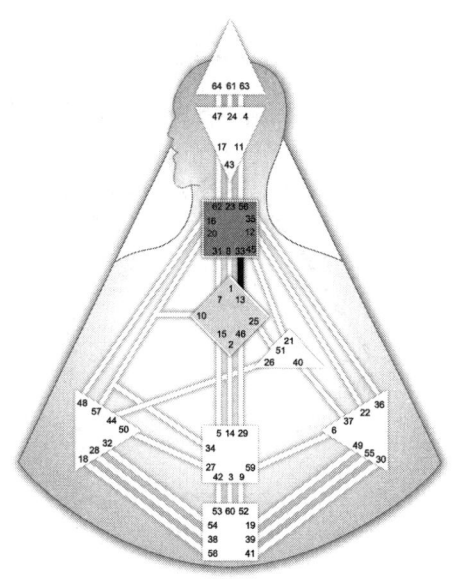

图40　通道13-33

才华的通道 16-48

才华的设计

经由反复不停的练习、修正与学习,你终于获得了令人惊叹的技艺。你渴望在人生中找到可真心承诺、投入一辈子的事业,沉浸其中,反复练习这个领域中全部的细节与步骤。将最平凡无奇的基本功,操练成千上万次后,技艺会升华为艺术,而你会从学徒变成大师。

若找到一个你愿意全心投入的领域,耐心等待,反复操练,经过岁月、精力、心血的累积,终有一天你会在这个领域中成为达人。

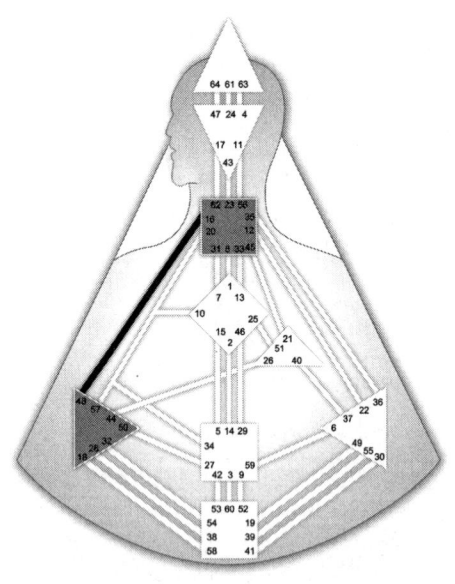

图 41　通道 16-48

接受的通道 17-62
成为团队人的设计

你是天生的管理者,能了解在企业中什么位置需要什么样的人才,也因此你能为未来找出合乎逻辑的运作模式,或是修改既有的运作模式,让一切运作得更顺畅。

你的逻辑清晰,能够洞察组织里的每个部门如何交互运作。在寻遍所有相关细节与知识后,你能提出独到的解决方案。你懂得如何经营,具备管理的才能,这是许多企业亟需的才华与天赋。

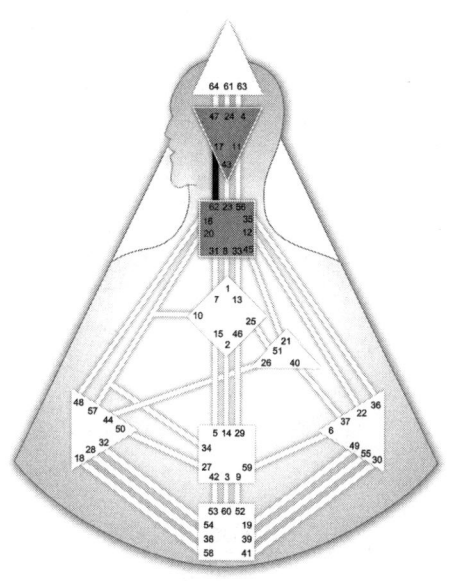

图 42　通道 17-62

批评的通道 18-58
不满足的设计

你是个完美主义者，喜爱挑战不合理不完美的事物，擅长评论与判断，但请你谨记，批评是为了挑战权威，服务群众，改善整体大环境，而不是用来挑剔周遭的人或指责自己，否则你的人际关系很容易陷入困境。完美是一种境界，或许永远无法达到，而批评要对事不对人。若你提出的批评是出于爱的目的，找出错误之后，这个世界能变得更美好，这才是这条通道真正的价值与意义。

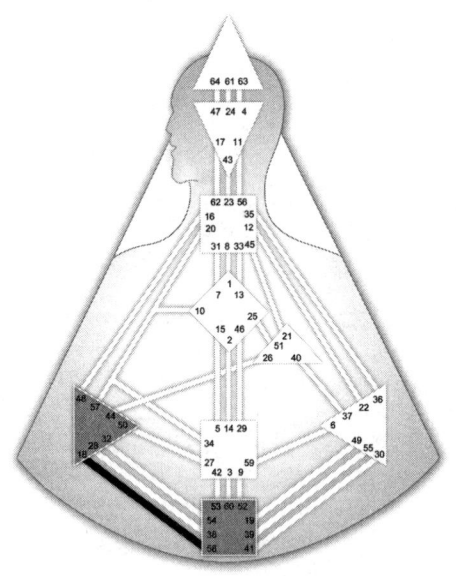

图 43　通道 18-58

整合综效的通道 19–49
敏感的设计

你是团体里的分配者或仲裁者,将不同资源妥善分配给最适合的人,秉持内心所遵循的原则,满足自己与家族的需求。

这条通道的人在情感上很敏感,在人际相处中会付出许多精力,重义气,也渴望与人接触。但是这接触会是友善的拥抱还是敌意的冲撞,则根据情绪的高低起伏而有所不同。另外,这条通道也与食物、环境、社群息息相关,与家人、亲友还有志同道合的朋友们一起相聚吃饭,就逐渐演变成彼此共享资源、维系感情的重要方式。

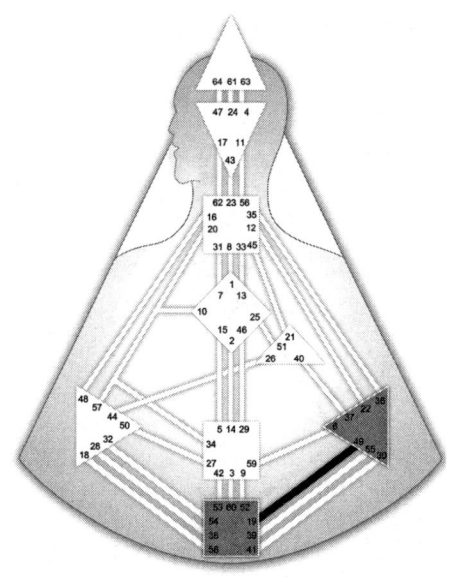

图 44　通道 19-49

魅力的通道 20-34
即知即行，旺盛行动力的设计

这是一股旺盛无比的生命动力，一有响应，就会立即想在下一秒化为确切的行动。即知即行的结果，让这条通道的人根本坐不住，时时刻刻都持续忙碌着。若能从事自己真心喜爱的事情，他们就能在忙碌中获得欣喜并且充满成就感，这就是他们火力全开的绝佳状态。

当你正确地回应生命，热力十足的模样很容易感染周围的人，让别人也同样充满活力。在别人眼中，你在为真心喜爱的事情而忙碌时，真是充满无限的魅力，所以这条通道才会被称为魅力的通道。反之，若只是一味盲目冲冲冲，只会像无头苍蝇般瞎忙，仓皇急促的你，并不会散发出独特的魅力。

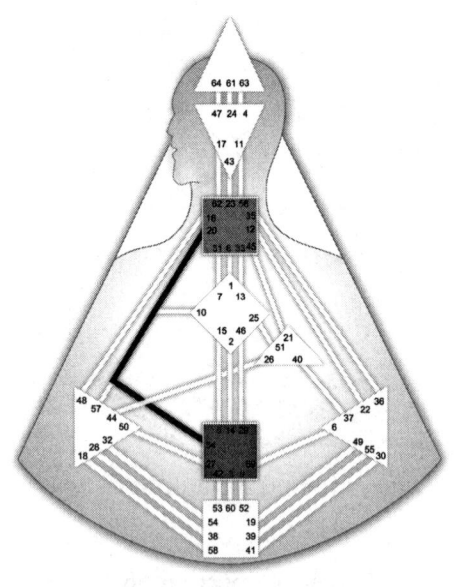

图 45　通道 20-34

脑波的通道 20-57
以觉知来渗透的设计

你具备灵敏准确的直觉，求存能力极强，内在会有自发性的声音，可以快速尖锐地看到问题，直指核心。当众人还在复杂的状况中感到茫然时，你已经看到接下来的演变与结局。

因为求存能力强，若能相信自己的直觉，你就能克服对未知的恐惧，自然能适应各种环境。但是，你需要等待别人邀请后，才能与之分享脑波的智慧，否则容易引发别人顽固的反抗，你的智慧也不会被珍惜。

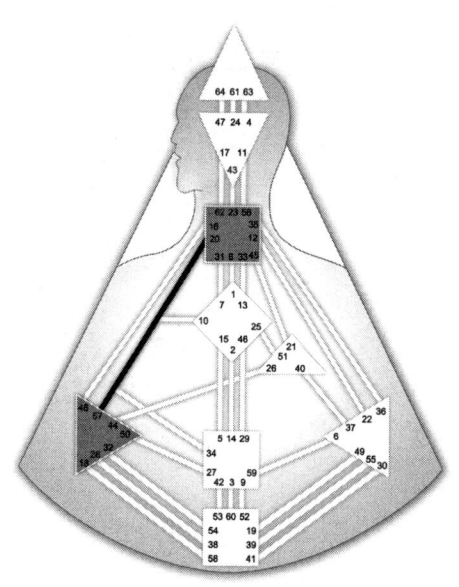

图 46　通道 20-57

三 金钱的通道 21-45

拥抱物质生活的设计

充满强烈的自我意识,掌控欲强,运用意志力,在物质层面获得成功,并享受丰盛富足的物质生活。难以被控制,无法被驾驭,这是非常入世的设计。建议你开创自己的事业,掌握领导权与主控权。

你注定要在物质层面上翻腾,享受丰盛富足的物质生活,特别能感受物质世界的迷人魅力。请注意,领导权与主控权在你的手上,若想在物质生活上成功,每件事情皆要亲力亲为。

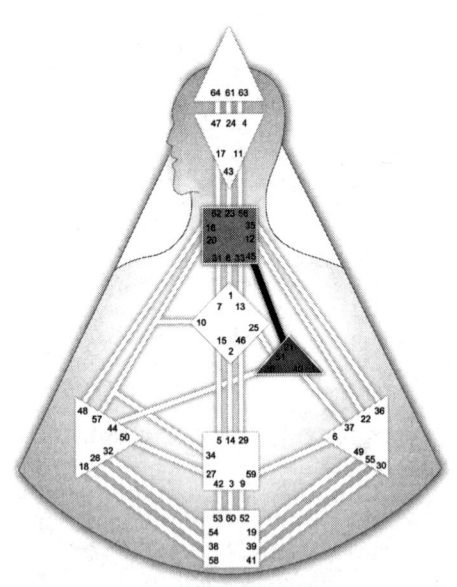

图 47 通道 21-45

架构的通道23-43
特立独行的个体人，从天才到疯子的设计

这条通道的人会挑战既有的架构与模式，他们不会依循约定俗成的框架来思考，而会以颠覆的角度来思考，找出全新的洞见，探索崭新的切入点，改变现有的游戏规则。他们若在对的时机提出自己的看法，就会被视为天才；反之，若在错误的时机，会让人觉得他们简直是疯子。

新的想法与思维模式，一开始总是难以被世人所理解。他们所提出的意见，看似不合时宜，却深藏潜能，可能会改变并影响众人看待事情的角度，引发突变。

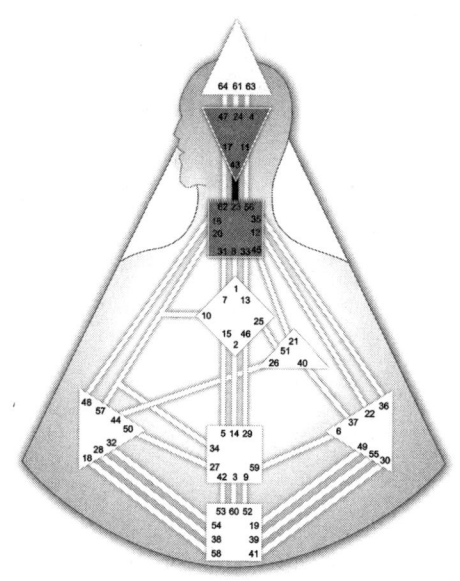

图48　通道23-43

察觉的通道 24-61
思考者的设计

你是伟大的思考者,总是不断思考与生命有关的课题。你能启迪众人,引导他们开始思索关于人生的奥秘。

这条通道真正的用途,并不是用来解决自己的问题,而是以全新的方式,探索既定事物的本质,为更多人带来启发。你头脑中的灵感与想法,宛如一闪而过的曙光,激励更多人领悟内在的真理。

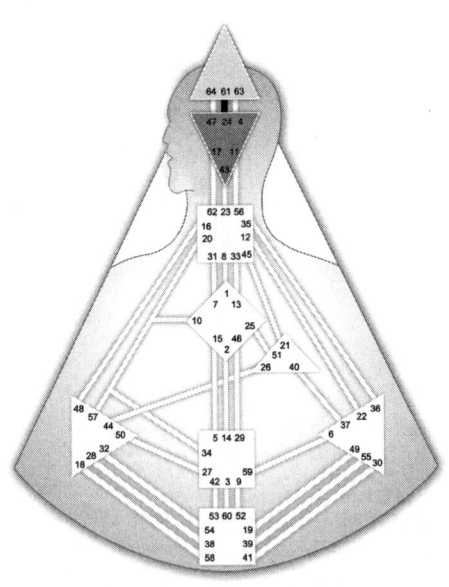

图 49　通道 24-61

发起的通道 25–51
成为第一人的设计

人生就是一连串跳入未知的体验，你是勇于挑战的战士，具有强大的竞争力，也很好胜，喜欢不断挑战自己。你讨厌一成不变的生活，对于进入全新领域毫不迟疑。除了想获得崭新的体验，你也热爱开创新的局面，渴望去做别人没做过的事，成为第一人。而你的行为，也会引发更多人，开始去体验他们从未尝试过的事物。

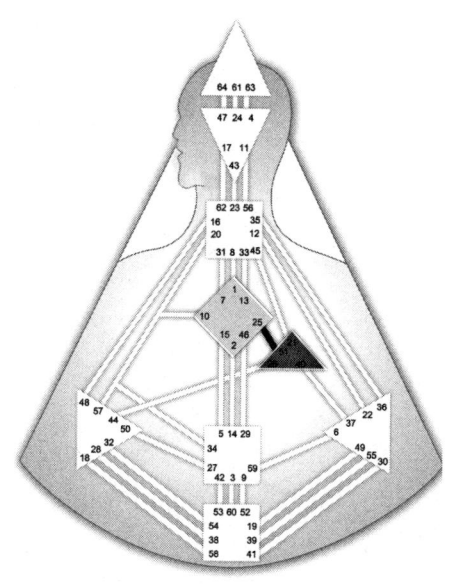

图 50　通道 25-51

投降的通道 26-44
传递讯息的设计

你善于传递讯息，懂得如何精准地将自己的理念、想法或产品，营销给特定的对象或族群，这是本能，也是天赋。

你渴望能以最少的付出，获得最大的利益，让自己的家族过更有品质的生活。除了擅长传递讯息，你还能巧妙联结社群，操控并说服大众购买某些特定的产品，同时又能灵活机动地基于市场与环境的需求，调整定位。你会成为非常棒的电影工作者、广告人或业务营销人员。若有这项天赋，你也能成为很好的老师或讯息传递者。

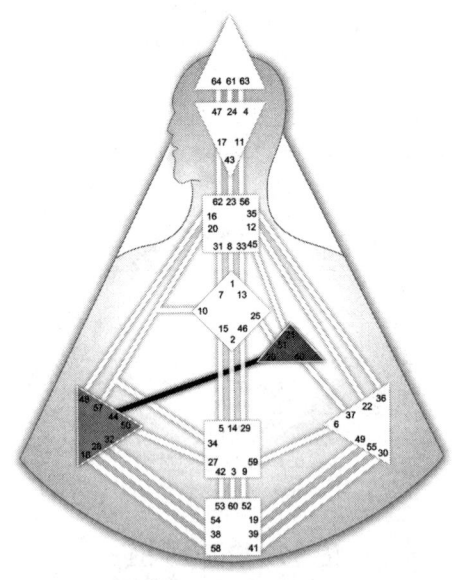

图 51　通道 26-44

保存的通道 27-50
监护人的设计

你是家族的监护人,也是守护者。你总是以身作则。你值得托付与信任,引导下一代养成正确的价值观,让许多传统而美好的价值得以传承下去,形成一股稳定的力量。

你是一个孩子王,也是个资源提供者。你所散发出来的能量场,自然而然能让周围的人信任你。当他们需要支持的时候,一定会想到你,希望从你这里获得支持的力量。所以你在关怀他人的同时,也要学会好好照顾自己,不要承担过多的责任,而把自己累坏了。

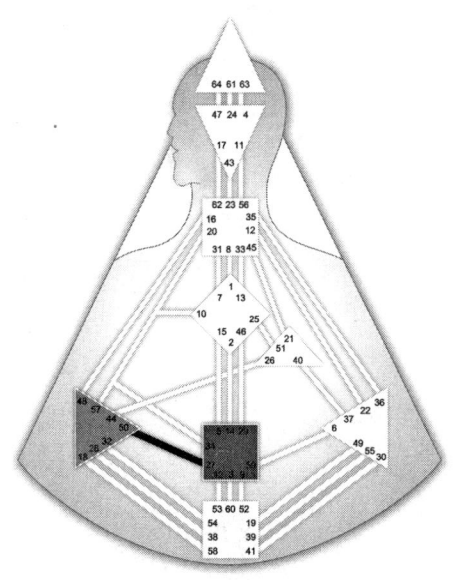

图 52 通道 27-50

三 困顿挣扎的通道 28-38
顽固的设计

你的人生是一条英雄之路,你渴望奋战,不管别人怎么想或怎么说,就算要克服种种困难,你都坚持自己的初衷,走出一条自己认为有意义的道路。

有这条通道的人,内心总是不断地纠结着,挣扎自己所做的一切到底有没有意义。因为恐惧人生虚度,你会更加用力燃烧自己。若自己所做之事毫无意义,你会觉得人生白走了这一遭;相反,若你认定是有意义的,就能将原本困顿挣扎的折磨,转化为不可思议的力量,顽固奋战并且开创奇迹,将不可能变为可能。

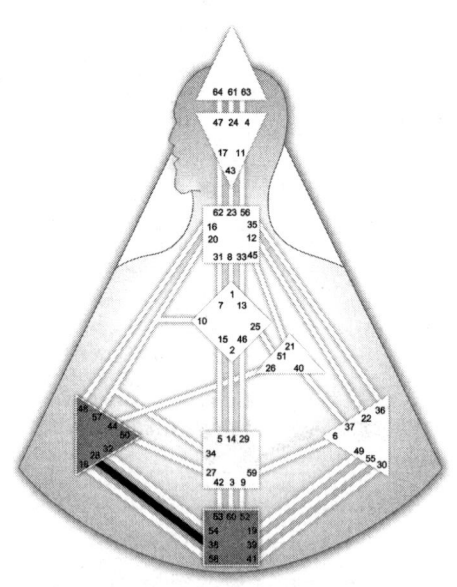

图 53　通道 28-38

≡ 发现的通道 29-46

好胜心，执着于输赢的设计

对这条通道的人而言，人生就是一连串不断投入、不断采取行动的过程，你能从中获得体验，有所发现，并且积累丰富的人生历练。

你有好胜的那一面，你认为就算不可能每次都赢，也不想输，不能落后。但事实上，重点并非输赢，而是你清楚一旦许下了承诺，就要完完全全投入其中，放下所有对结果的期待，没有走到终点，答案不会揭晓。最终你将体悟到人生并没有胜负，只需活在当下，去体验每一个迎面而来的体验；人生是一段探索的旅程。

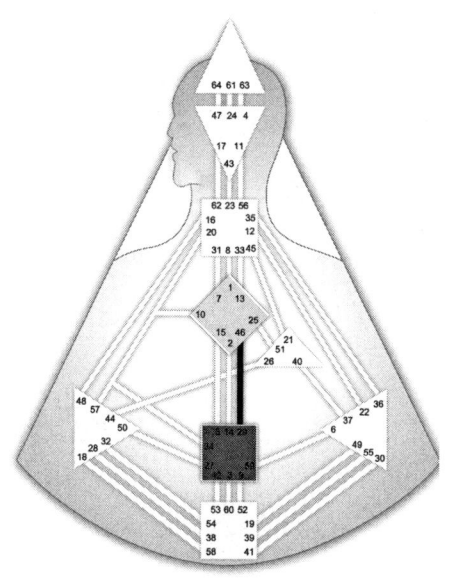

图 54　通道 29-46

梦想家的通道 30-41
情感丰沛,充满能量的设计

你有许多想完成的事,你是天生的梦想家,你的许多梦想,并不见得每一个都能在此生彻底落实,但是你可以享受梦想本身,你总是能够挑动众人的情绪,激发大家朝着共同的希望与愿景,一起向前。

这条通道充满情绪与压力,你也常常会陷入焦躁与紧张之中,需要磨炼自己的耐性,尤其在做决定的时候,不要急躁,让自己坦然去经历情绪周期的高低起伏,从希望到绝望,再从绝望到希望。你会对自己的梦想与愿景,有更深入的体会与想法。

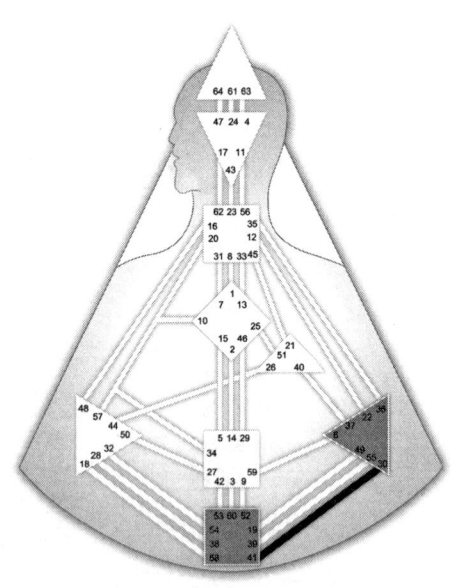

图 55　通道 30-41

≡ 蜕变的通道 32-54
自我驱动的设计

你是工作狂,非常渴望能在物质层面获得成功。你总是驱策自己奋发向上,努力工作。为了获得物质生活的富足,你总是能克服现有的限制,创立企业或组织,并且永续经营它。

你知道时间与精力真正的价值,愿意努力赚取对等的报酬,也因为如此,你了解别人的才能与价值,知道如何在别人与自己的需求中,取得平衡。这条通道的人会认真地从基层往上爬,随着人脉扩张,离成功愈来愈近,但也要小心自己变成一个工作狂。

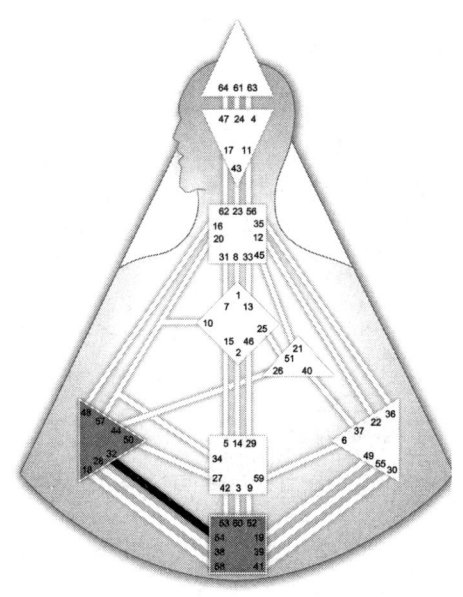

图 56 通道 32-54

力量的通道 34-57
人的原型的设计

你的身体有非常准确的防御系统,能随着环境转变、调整并适应。你只需允许自己的身体,响应每个当下的需要,信任自己的身体,信任内在这股原始的本能,你的力量就能在每个当下展现,一切都与求存有关,非常迅速,非常直接。

你总是随时随地保持警觉与防卫,对声音及周遭的频率异常敏感。在旁人眼中,你看起来非常冷静,有时近乎冷酷。当你自然而然地回应生命时,你就会自然而然地展现出真正的力量。

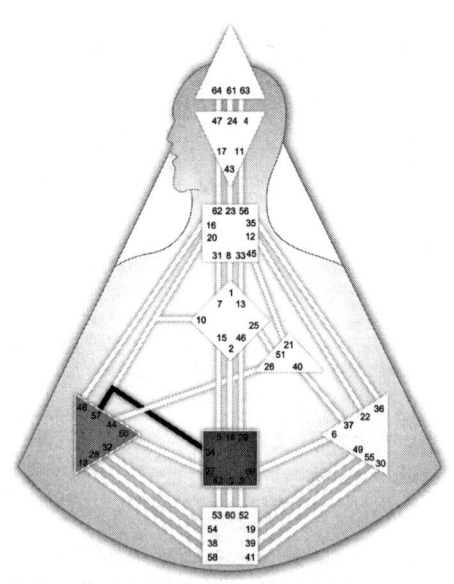

图 57　通道 34-57

≡ 无常的通道 35-36

杂而不精的设计

你有丰富的人生经历，内心持续有一股冲动，渴望去体验还没体验过的一切。每一个你所拥有的体验，最后都会聚沙成塔，提升你人生的广度与深度。若不清楚自己的运作模式，你容易为此所苦。这条通道的智能就是：世事无常，唯一不变的就是改变。

你对于冒险这件事情很有天分，基因里头埋藏着对改变的渴望。你所说的话，带有浓厚的情绪渲染力。随着人生经验愈来愈丰富，你的分享也会愈来愈精彩，因为你的经历都好特别。你的分享，也丰富了我们的人生体验。

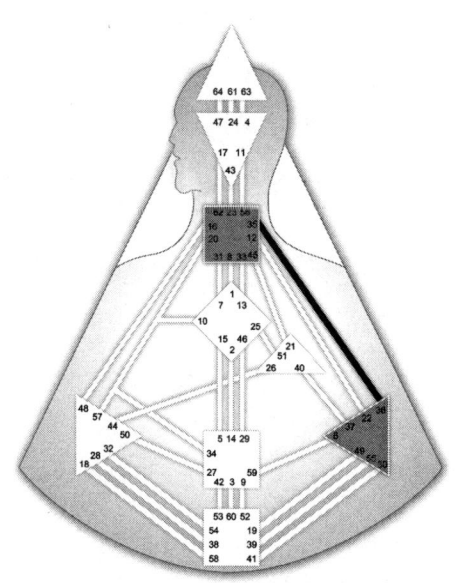

图58　通道 35-36

经营社群的通道 37-40
凝聚与归属感的设计

你看重婚姻与家族的精神，认为人际关系必须建立在公平的原则之上，你愿意付出，但同时你所爱的人也要给予你对等的尊重。爱是付出，也是相互支持。你渴望找到对的人共组家庭，也喜欢在工作中形成社群，相互支持，紧密连接。这会让你的内心产生归属感，感受到满足与平和。

有这条通道的人重视人和，也擅长做生意，绝不会让自己的家族吃亏，而赚取利益的目的是照顾自己的家人、公司或家族，让所爱的人在物质上不虞匮乏。你在付出的同时，也要学习平衡，学习尊重自己的需求，照顾别人之余，也要好好照顾自己。

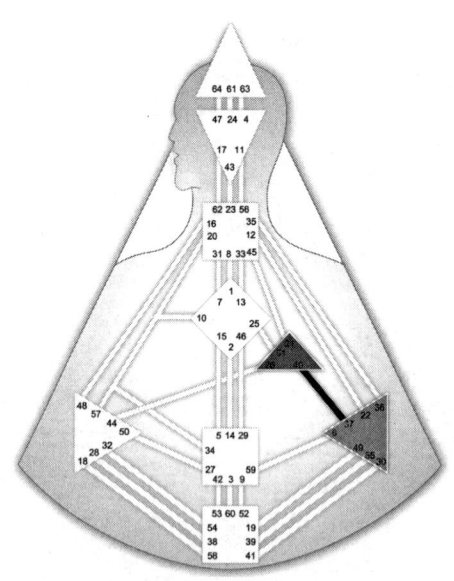

图59 通道 37-40

情绪的通道 39-55
多愁善感的设计

有这条通道的人很容易多愁善感、忧郁、情绪化。这些看似负面的情绪，其实是非常珍贵的资产，其底层蕴藏了巨大的创造力。若你能接受人生有高潮就有低潮，悲伤与喜悦是无止境的相互循环，你就能拥有源源不绝的创造力，通过旋律、文字与创作，让世人与你一同体验情绪的幽谷与天堂。

接受自己就是有忧郁与多愁善感的那一面，不必试图合理化，或抹灭它的存在。你有时需要独处，有时又渴望与人交谈，聆听彼此，恣意表达自己的感受。你是一个内心非常浪漫的人，对音乐尤其敏锐，极具天分，可以成为演员、音乐家、诗人或是其他各种类型的艺术家。

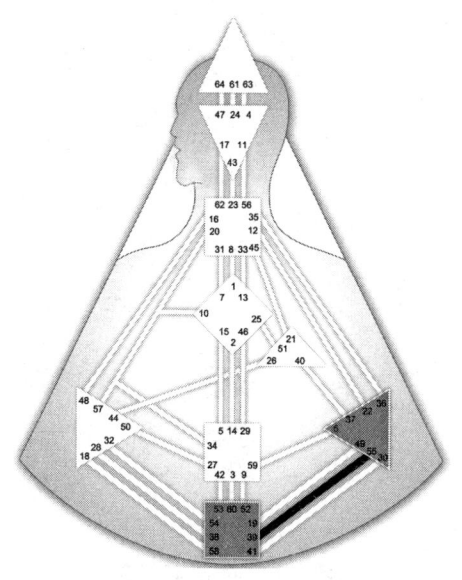

图 60　通道 39-55

成熟的通道 42-53

平衡发展，有许多阶段的设计

你的人生由各种截然不同的阶段所组成，若能完整体验这一切，就能累积各种经验，进而步向成熟。你会在一次又一次的循环中成长，经历不同的阶段，从毛毛虫蜕变成蝴蝶。重点并非达成特定的目标，而是让压力成为动力，学习生命要教会你的功课，最终成熟。

每个阶段都是磨炼，你要学会每个阶段应学的课题。通常一个完整的生命循环，从开始到结束会持续七年。万一半途而废，同样的课题又会在下一个循环中，以不同的形式再度现身，直到你学会为止。

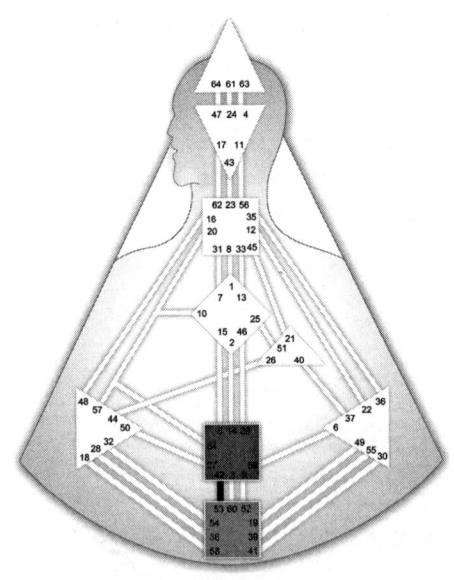

图 61 通道 42-53

抽象的通道 47-64
脑中充满疑惑与清晰，无法停止思考的设计

这条通道能让你给别人带来重大的启发，也可以让自己陷入巨大的困惑之中。你非常擅长以说故事的方式，自老旧中创造新意，将抽象的概念或想法，经由艺术、哲学、历史或文化层面传达出来，启迪众人。

创意来自天马行空的想象力，有这条通道的人能以全新的角度，重新诠释过往的一切，为众人带来崭新的体验。

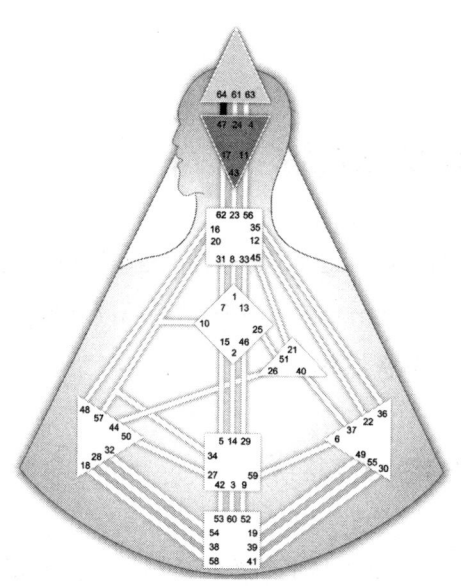

图 62　通道 47-64

延伸知识：闸门定义

人类图体系总共有 64 个闸门，各自代表不同的特质。来看看你有哪些闸门吧。

1 号闸门：自我表达 / 创意

源源不绝的创意，艺术家，我行我素，散发魅力，吸引众人的注意力。"我要以我的方式来！"创意在转瞬间来来去去。没有目标的时候，最能将创意发挥得淋漓尽致。

2 号闸门：自我方向 / 接纳

天赋异禀，有能力指出创新的走向，天生就知道人、事、物正确的方向是什么。但若没有 14 号闸门的辅助，哪里也去不了。指挥者，舵手。

3 号闸门：秩序 / 凡事起头难

你要明白自混乱中找出新秩序，需要时间。虽然迫不及待想做些不一样的事，但还是要有纪律，等待对的时机来临。

4 号闸门：公式化 / 血气方刚的愚者

总是想解答问题，渴望找出答案，但是解答也仅止于概念上的推论。当无法理解时异常焦虑，热衷于找出答案。

5 号闸门：固定模式 / 等待

生活需要规律。保有固定的习惯与运作的程序，会带来安全感，也会让你很健康。

6 号闸门：摩擦 / 冲突

区辨情绪的高低起伏，学习与情绪的波涛共存，这个闸门管控了我们是否愿意进入亲密关系。

7 号闸门：自我角色 / 军队

渴望成为领导，但需要被邀请或是被选出来成为领袖；代表的是皇冠背后真正的权力。

8 号闸门：贡献 / 凝聚在一起

具有独特的天赋，想沟通真理，渴望去推广些什么。若能将自己完整地表达出来，你的存在本身，就是独一无二的贡献。

9 号闸门：专注 / 处理细节的能力

能专注，处理细节。一旦下定决心与许下承诺，就有强大与坚定的持续力坚持到底。

10 号闸门：自我行为 / 前进

表达自我的独特性，这个闸门是关于爱自己的。

11 号闸门：新想法 / 和平

脑中不断冒出新想法，渴望能与人分享，启迪众人。

12 号闸门：谨慎 / 静止不动

很在意别人懂不懂你，心情好的时候，会变得非常多话，总是能轻易牵动旁人的情绪。你说话的口气与声调，就能透露出自己内在真正的情绪。

13 号闸门：聆听者 / 伙伴关系

天生的聆听者，聆听的功力超乎常人，总是会听见许多人的秘密。记录历史的人。

14 号闸门：强而有力的技能 / 执着于衡量

唯有从事自己所爱的事情，你的创意才能彻底发挥出来。

15 号闸门：极端 / 谦逊

对人类有大爱，能顺应不同的韵律，包容各种极端的行为，拥有多元而丰富的人生。

16 号闸门：技能 / 热诚

总是觉得自己学不够，渴望学习更多，对于学习新的技能非常擅长；经由反复不停的练习，能将技艺提升至大师的境界。

17 号闸门：意见 / 跟随

以服务为出发点，将自己的疑惑整理归纳之后，转化为可行的意见，表达出来与众人分享。擅长处理架构和建立体系。

18 号闸门：纠正 / 找出错误之处

擅长找出各种瑕疵与错误。唯有找出行不通的地方，才有机会改进。对批评也极为擅长。

19 号闸门：想要 / 靠拢

为满足情感或物质层面的需求，需要与周遭的人紧密互动。你能引发他人注意到大环境或某些特定族群目前最急迫的需求，如食物、住所、性等等。

20 号闸门：当下 / 注视

只能看到生命此刻正在发生的事情，全然沉浸其中。每件事情都必须在当下发生，即知即行。

21 号闸门：猎人 / 奋勇前进

在金钱物质层面必须独立自主，在钱财、食物、疆域等生活形态的各个层面上，若能掌握主导权就能兴盛，有控制欲，并且对如何操控相当在行。经理人的原型。

22 号闸门：开放 / 优雅

渴望表达自己的感觉，有充满情感的灵魂，却往往被旁人解读成情绪化，其实擅长社交，却又常被自己的情绪所左右。心情不好的时候就很宅，心情好的时候又超迷人。

23 号闸门：同化 / 裂开

经由沟通带来创新的想法与洞见，引发全新的思维、突变。

24 号闸门：合理化 / 回归

不断思考，试图找出合理的方式，让一切有脉络可循。具有启发性的想法。如果脑袋不清晰，思绪就成为你自己的敌人，它将持续不断地回顾并操纵你的人生。

25 号闸门：自我精神 / 天真

不管环境因素如何变化，保持原有的天真，源于大我的爱（对宇宙的爱、无条件的爱），因为天真的缘故，容易直接去挑战或测试现有的一切，从中成长。

26 号闸门：利己主义者 / 伟大的驯服者

以最小的付出换取最大的报酬。销售员的原型。擅长将每件事情解说成利己的角度，以此获取报酬。

27 号闸门：照顾 / 滋养

保护、关怀家族成员及周遭的人，最后常常为了别人好，而牺牲自身的利益。

28 号闸门：玩家 / 伟大

为了找寻生命真正的意义，随时准备好去冒险。独立自主的个体，渴望找到生命的目的。如果值得，如果有意义，过程再难都无畏。

29 号闸门：毅力 / 深渊

还不知道最后结果会如何，就会轻易答应。总是不由自主对新的起点说是。要小心，别承诺太多，最后累垮自己。

30 号闸门：感觉 / 燃烧的火焰

所有情绪的渴望与痛苦皆源于此，就算不知道自己真正追寻的是什么，内心总有源源不绝的驱动力。想尝试各种新事物，在过程中累积人生的历练与智慧。

31 号闸门：领导 / 影响力

每当指引别人朝未来方向迈进时，就会呈现极佳的状态。若在对的时机点发言，就会发挥巨大的影响力。需要被邀请或被选出来，成为领袖。

32 号闸门：连续 / 持久

天生敏锐，能够看见人、事、物真正的价值。企业里的财务部门负责人，本性保守，深知谨慎才能走得长久。

33 号闸门：隐私 / 退隐

你需要独处，才能消化先前的体验，鉴往知来，了解究竟要从过往中学习到什么。退回独处是必要的，你需要静思过往，才会获得智慧。

34 号闸门：力量 / 强大的能量

独立自主，以自我为中心，天生充满活力与动力，忙碌。自我驱动的设计。

35 号闸门：改变 / 进展

会尝试许多不同的事物，从中学习，总是准备好去开始全新的体验，喜欢改变；从各种经验中累积丰富的人生经验。

36 号闸门：危机 / 幽暗之光

在激烈的情绪中成长，从中学习如何与自己的情绪共处。不停歇地改变，常常令人极度兴奋，同时也极疲累。

37 号闸门：友谊 / 家庭

你需要得到家族或社群的肯定。你将家庭与社群凝聚在一起，具有滋养与关怀的天性。友谊建立在互惠的原则上。

38 号闸门：战士 / 对抗

挑战不可能的时候最勇猛。身为战士，热爱奋战，总是准备好要为自己战出立场，试图找寻生命的意义，为此挣扎。

39 号闸门：挑衅 / 阻碍

生来就为了激起别人的情绪，可能是激励其精神，也可能是激怒对方。善用言辞来挑动他人的情绪状态，可以引发喜悦，也可以引爆愤怒。

40 号闸门：单独 / 递送

在工作与休息之间取得平衡，总在找寻自己能归属的团体。赚钱养家的人。

41 号闸门：收缩 / 减少

内心不断渴望新的体验，被这样的渴望驱动着，充满冲动想去做些不一样的事。幻想与做梦的闸门，看着前方的目的地，而充满渴望与兴奋感。

42 号闸门：成长 / 增加

一旦开始就非做完不可，一旦承诺就有源源不绝的动力想将整件事情做完，不达目的很难罢休。

43 号闸门：洞见 / 突破

擅长以独特并且有创意的方式来表达自己，对众人有兴趣的议题不见得喜欢，只对自己特定的、有兴趣的领域一头热。

44 号闸门：警觉 / 聚合

人力资源经理的典型，可以嗅出别人的才华与潜力。伯乐。

45 号闸门：收集者 / 聚集在一起

国王或皇后。着眼于家族或社群的未来与财富。家族领导者。最后决定新法规是否成立的人。以教育的方式来提升子民，赢得富足。

46 号闸门：自我决心 / 推进

如果放下期待，你就能在对的时间点走到对的位置。每个经验都是完美的，不管酸甜苦辣，欢喜或悲伤，都是对的经历。

47 号闸门：了解 / 压抑

根据过往的经验来理解人生。常常回忆过往，脑中充满各种影像，随时自行想象拼贴。

48 号闸门：深度 / 井

有深度，有智慧，虽然常常质疑自己。智慧的源泉，要等待对的时机，才能与人分享。

49 号闸门：拒绝 / 革命

你的原则可能引发你去拒绝别人，或者让别人来拒绝你，这个闸门是关于每段关系的基本原则，若有人不接受你的规则，你会将之排除在外。这也是离婚与革命的闸门。

50 号闸门：价值 / 熔炉

建立或挑战社会现有的价值与规范，探索责任的归属。内在对家族与社群具有深厚的责任感，常常会为了社群的利益而奋斗。

51 号闸门：冲击 / 激起

为了成为最棒的，或成为第一人，不断考验自己。非常具有竞争心，热爱去做别人从未做过的事情，挑战别人不敢的，超越极限。

52 号闸门：静止 / 维持不动

按兵不动，静待好时机，全力出击，专注，专心，蓄势待发，能待在同一个地方，不动不移。

53 号闸门：开始 / 发展

总觉得随时都要有个新的开始，所以若身陷重复的困局中，就容易感到无聊与厌烦。

54 号闸门：野心 / 少女出嫁

渴望追求物质层面的成功，要超前，要领先，从基层往上爬，最后爬至上位。对于赚钱有莫名的驱动力，这是一股想不断前进的强烈驱动力。

55 号闸门：精神 / 丰盛

多愁善感，对音乐很敏锐，对声音很敏感。非常浪漫，不管付出多少代价，都要尊重自己的情感。情绪高低起伏是正常的，不要压抑自己。

56 号闸门：刺激 / 寻道者

运用过往的经验来阐述你的想法与概念，启迪众人。讲故事的人，对于引发听众的情绪非常有兴趣。

57 号闸门：直觉的清晰 / 温和

直觉能够确保你是健康的、安全的，让你生存无虞。对于声音与振动频率非常敏锐，具有强烈的直觉。

58 号闸门：活力 / 喜悦

具有源源不断的动力，渴望改善周围的一切。对于挑战现有的制约充满活力。

59 号闸门：性 / 分散

生产，复制，不论是生小孩或是想出新计划，都很厉害。渴望在性的层面有亲密关系。

60 号闸门：接受 / 限制

有潜力为世界带来全新的改变，为此深感压力大。渴望在脉搏的跳动瞬间，突变就发生了。需要接受限制。

61 号闸门：神秘 / 内在真理

想解开未知的神秘，能带来前所未有的、突变的洞见。伟大的思想家。热爱未知，但也需要接受有些事情无法被解释，也无法被了解。

62 号闸门：细节 / 处理细节的优势

能够着眼于细节，总是想知道实际上到底发生了什么事，管理并标识。命名。找出行得通的清楚的模式，能够在错综复杂的状况中，抽丝剥茧，厘清头绪。

63 号闸门：怀疑 / 完成之后

科学的、天生多疑的头脑，质疑每件事的真实性，渴望找出答案，常常为此感到有压力。除非自己找到证据，否则很难相信。

64 号闸门：困惑 / 完成之前

对于解开过去的事件 / 议题感到焦虑，要接受困惑是生命的一部分。用影像思考，脑中充满各种画面，试图为自己的经历找出答案。

延伸知识：闸门及其关键字索引

闸门与关键字		对应的闸门与关键字		通道与关键字	
1	创意 自我表达	8	凝聚在一起 贡献	1-8	带来灵感、启发创意的典范
2	接纳 自我方向	14	执着于衡量 强而有力的技能	14-2	脉动 掌管钥匙的人
3	凡事起头难 秩序	60	限制 接受	60-3	突变 能量开始于流动，脉搏
4	血气方刚的愚者 公式化	63	完成之后 怀疑	63-4	逻辑 头脑中充满疑惑
5	等待 固定模式	15	谦逊 极端	5-15	韵律 顺流
6	冲突 摩擦	59	分散 性	59-6	亲密 专注于生产
7	军队 自我角色	31	影响力 领导	7-31	创始者 不论好坏，领导力

闸门与关键字		对应的闸门与关键字		通道与关键字	
8	凝聚在一起 贡献	1	创意 自我表达	1-8	带来灵感、启发创意的典范
9	处理细节的能力 专注	52	维持不动（山）静止	52-9	专心 专注
10	前进 自我行为	20	注视 当下	10-20	觉醒 承诺去追寻更高真理
10	前进 自我行为	34	强大的能量 力量	34-10	探索 遵从自己的信念
10	前进 自我行为	57	温和 直觉的清晰	57-10	完美形式 求存
11	和平 新想法	56	寻道者 刺激	11-56	好奇 追寻者
12	静止不动 谨慎	22	优雅 开放	22-12	开放 社交人
13	伙伴关系 聆听者	33	退隐 隐私	13-33	足智多谋 见证者
14	执着于衡量 强而有力的技能	2	接纳 自我方向	14-2	脉动 掌管钥匙的人
15	谦逊 极端	5	等待 固定模式	5-15	韵律 顺流
16	热忱 技能	48	井 深度	48-16	波长 才华
17	跟随 意见	62	处理细节的优势 细节	17-62	接受 组织化的人
18	找出错误之处 修正	58	喜悦 活力	58-18	批评 不知足
19	靠拢 想要	49	革命 拒绝	19-49	整合综效 敏感

闸门与关键字		对应的闸门与关键字		通道与关键字	
20	注视 当下	10	前进 自我行为	10-20	觉醒 承诺去追寻更高真理
20	注视 当下	34	强大的能量 力量	34-20	魅力 即知即行
20	注视 当下	57	温和 直觉的清晰	57-20	脑波 渗透性的觉知
21	奋勇前进 猎人／女猎人	45	聚集在一起 收集者	21-45	金钱线 唯物主义者
22	优雅 开放	12	静止不动 谨慎	22-12	开放 社交人
23	裂开 同化	43	突破 洞见	43-23	架构 个体性
24	回归 合理化	61	内在真理 神秘	61-24	察觉 思考者
25	天真 自我精神	51	激起 冲击	51-25	发起 想要成为第一人
26	伟大的驯服力 利己主义者	44	聚合 警觉	44-26	投降 传递讯息
27	滋养 照顾	50	熔炉 价值	27-50	保存 监护人
28	伟大 玩家	38	对抗 战士	38-28	困顿挣扎 顽固
29	深渊 毅力	46	推进 自我决心	29-46	发现 好胜心强
30	燃烧的火焰 感觉	41	减少 收缩	41-30	梦想家 充满能量
31	影响力 领导	7	军队 自我角色	7-31	创始者 不论好坏，领导力

闸门与关键字		对应的闸门与关键字		通道与关键字	
32	持久 连续	54	少女出嫁 野心	54-32	蜕变 自我驱动
33	退隐 隐私	13	伙伴关系 聆听者	13-33	足智多谋 见证者
34	强大的能量 力量	10	前进 自我行为	34-10	探索 遵从自己的信念
34	强大的能量 力量	20	注视 当下	34-20	魅力 即知即行
34	强大的能量 力量	57	温和 直觉的清晰	57-34	力量 人的原型
35	进展 改变	36	幽暗之光 危机	36-35	无常 杂而不精
36	幽暗之光 危机	35	进展 改变	36-35	无常 杂而不精
37	家庭 友谊	40	递送 单独	37-40	经营社群 凝聚于归属感
38	对抗 战士	28	伟大 玩家	38-28	困顿挣扎 顽固
39	阻碍 挑衅	55	丰盛 精神	39-55	情绪 多愁善感
40	递送 单独	37	家庭 友谊	37-40	经营社群 凝聚于归属感
41	减少 收缩	30	燃烧的火焰 感觉	41-30	梦想家 充满能量
42	增加 成长	53	发展 开始	53-42	成熟 平衡发展
43	突破 洞见	23	裂开 同化	43-23	架构 个体性
44	聚合 警觉	26	伟大的驯服力 利己主义者	44-26	投降 传递讯息

闸门与关键字		对应的闸门与关键字		通道与关键字	
45	聚集在一起 收集者	21	奋勇前进 猎人／女猎人	21-45	金钱线 唯物主义者
46	推进 自我决心	29	深渊 毅力	29-46	发现 好胜心强
47	压抑 了解	64	完成之前 困惑	64-47	抽象 脑中充满着疑惑 解答
48	井 深度	16	热忱 技能	48-16	波长 才华
49	革命 拒绝	19	靠拢 想要	19-49	整合综效 敏感
50	熔炉 价值	27	滋养 照顾	27-50	保存 监护人
51	激起 冲击	25	天真 自我精神	51-25	发起 想要成为第一人
52	维持不动（山） 静止	9	处理细节的能力 专注	52-9	专心 专注
53	发展 开始	42	增加 成长	53-42	成熟 平衡发展
54	少女出嫁 野心	32	持久 连续	54-32	蜕变 自我驱动
55	丰盛 精神	39	阻碍 挑衅	39-55	情绪 多愁善感
56	寻道者 刺激	11	和平 新想法	11-56	好奇 追寻者
57	温和 直觉的清晰	10	前进 自我行为	57-10	完美形式 求存
57	温和 直觉的清晰	20	注视 当下	57-20	脑波 渗透性的觉知

	闸门与关键字		对应的闸门与关键字		通道与关键字
57	温和 直觉的清晰	34	强大的能量 力量	57-34	力量 人的原型
58	喜悦 活力	18	找出错误之处 修正	58-18	批评 不知足
59	分散 性	6	冲突 摩擦	59-6	亲密 专注于生产
60	限制 接受	3	凡事起头难 秩序	60-3	突变 能量开始于流动 脉搏
61	内在真理 神秘	24	回归 合理化	61-24	察觉 思考者
62	处理细节的优势 细节	17	跟随 意见	17-62	接受 组织化的人
63	完成之后 怀疑	4	血气方刚的愚者 公式化	63-4	逻辑 头脑中充满疑惑
64	完成之前 困惑	47	压抑 了解	64-47	抽象 脑中充满着疑惑 解答

关于通道与闸门

· 通道是生命的动力,是老天爷赋予你此生的配备,好让你发挥所长,完成使命。

· 通道共 36 条,每一条都独一无二,无须比较,你所拥有的便是最适合你的通道。

· 通道多少不是问题,重点是你有没有善用它。

Q:我的通道太少、我的通道太多、我根本不喜欢我自己的通道,怎么办?

A:关于通道多少,请记住,人生并不是一个比谁的通道多的竞赛。请相信你所拥有的通道数量与种类,就是最好的安排。美国前总统奥巴马先生也只有一条通道而已,把一条通道的力量发挥到极大,也可以发挥强大的影响力。而通道多也有通道多的挑战,拥有很多通道的人,也会感觉到,不同的通道彼此也难免有相互抵触之处。通道的数目多寡真的不是重点,也并非大家认为的多多益善。请务必放下比较的想法,每个人都是独一无二的存在。

另外,如果你不喜欢自己所拥有的通道,这牵涉了自我接纳的课题,而自我接纳是趟自我探索与发现的旅程。或许,不喜欢就是一个很好的开始,让你一步步朝喜欢的方向迈进,拥抱更完整的自己。

Q：我如何看自己的通道到底有没有通？

A：让我以下面这张图（图一）来做例子，通道的两端各有数字，这数字代表的是第几号闸门。如果数字被圈起来了，像是图上的 59 号与 6 号，这就代表着这两个闸门被开启了，所以这条通道就接通了。换句话说，此图代表着这个人拥有 6-59 这条通道的天赋才华。

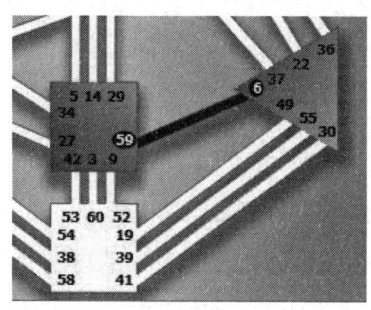

图一

再看一个例子（图二），这是另一张人类图，你可以看见 6 号闸门被圈起来了，但是另一端的 59 号闸门并没有，所以，这张图的 6-59 这条通道是没有被接通的，而此人拥有的是 6 号闸门的特质，却没有拥有 6-59 这条通道的天赋才华。再次提醒，那些只接通一半的，就是没通的意思，通道必须要两端的闸门皆被开启才算接通。

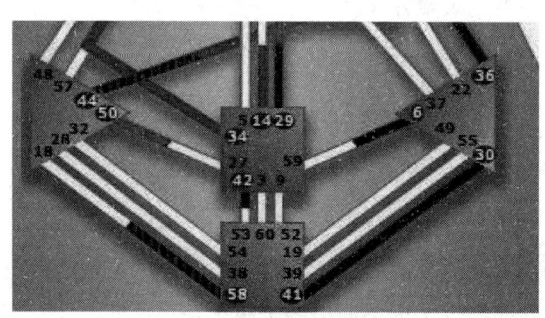

图二

Q：红色与黑色的意思是什么？（编者注：本书中，深色代表黑色，浅色代表红色。）

A：你所拥有的闸门（特质）就是那些被圈起来的数字，如果这个数字被圈起来了，请看看此闸门往前延伸的管道呈现什么颜色。若是黑色，代表的是你很清楚自己拥有什么特质，这是你认知到的自己；若是红色，则是代表这个特质别人看得很清楚，但是你不见得意识到了，这是别人眼中的你。若是此闸门被圈起来，而往前延伸的管道呈现红黑相间的模样，这代表的是，对于这个特质你自己知道，而别人也看得很清楚。

接下来，让我们以之前的图二来做例子：你可以看见 6 号闸门被圈起来了，呈现黑色，那就代表此人知道自己拥有 6 号闸门的特质。而同样一张图上，50 号闸门也被圈起来了，呈现红色，这代表着此人不见得察觉到自己拥有 50 号闸门的特质，但是别人却能从他的言行举止中，看得很清楚。你会注意到，58 号闸门被圈起来了，但是呈现红黑相间，这代表他知道自己具有 58 号闸门的特质，而别人也看得很清楚。

以此延伸，若以通道的角度来看：

——若是被启动的通道，整条都是黑色的，代表着你清楚知道自己拥有这条通道的天赋才华。

——若是被启动的通道，整条都是红色的，代表着你不见得知道，但是别人眼中的你，却具备了这项天赋才华。

——若是被启动的通道，整条呈现红黑相间，代表的是你知道，别人也清楚看见你有这条通道的天赋才华。

——若是被启动的通道是一半黑一半红，代表着我们或许并不确定，但是你还是拥有了这条通道的天赋才华。

Q：所以只通一半的通道，就是没有通的意思？那我要如何让它接通？

A：是的，只通一半的通道，就是没有通的意思。只通半条的意思是你拥有了那个被圈起来闸门的特质，但是你并没有拥有整条通道的能量。

另外，我们曾在第一章中提到，每个人都有其能量场，每个人的能量场大小是：你的手臂伸直时的长度乘以两倍为半径，划一个立体圆周的大小。所以当我们进入彼此的能量场，我们就会相互引发，相互影响。那些你只通一半的通道，如果遇到另一个人进入你的能量场范围，而对方的设计刚好有通道通到另一半的闸门，或刚好有那一整条通道，那么，在你与此人相处的那段时间内，你的确可以感受到那一整条通道的天赋才华。但是，这并不会持久，也不稳定，因为当此人离开你的能量场后，你又会恢复原本通道没接通的状态。

当然，这也会牵涉流年流日的概念，在某些时刻，或是某一天，当你原本没接通的闸门或通道，刚好因为某颗星星走到那个闸门前而被开启了，那么，在那些特定的时刻，你也会感受到自己似乎拥有了那些原本没接通的通道。

让我再一次重申，这些感受并不会持久，也不稳定，而你原本所接通的通道，就是你可以信赖并且会稳定运作的天赋才华。

Q：我只知道自己出生的时辰，不确定是几点几分，怎么办？人类图可以提供时间校正吗？

A：若你的出生时间无法精准到几点几分，你可以将自己出生时辰内所产生的人类图都挑出来，比较其中的差异。有时候，两三个小时之内，星星的位置并没有明显的移动，但是也有时候只差一分钟，星星就刚好挪移至下个位置，这就产生了很大的差别。

还是建议你尽可能找到自己正确的出生时间。人类图无法提供任何时间校正，我们需要你提供正确的出生数据，才能分析你的人类图。

Q：我没有任何的通道是通的……怎么会这样呢？

A：如果整张图没有任何一条通道接通，就是我们称之为反映者的设计，这样的设计非常罕见而特别，仅占全人类的百分之一。如果你是反映者，你不会拥有任何一条特定的通道，但是随着环境改变，还有与不同的人所产生的火花，你会有机会感受到每一条通道的状态。

Q：我如果想了解更多，除了这本书之外，你们是否提供相关课程？

A：有的。"亚洲人类图学院"提供人类图相关课程与工作坊，详情请在网上搜寻。

> 人类图使用者分享

请给 1-8 通道一个肥皂箱
1-8 创意的通道

伊冯（Yvonne），全职妈妈、投射者

　　肥皂箱演讲，源自英国伦敦的海德公园。大约在 19 世纪的时候，当时英国人还没有集会自由，所以到海德公园来"出出气"，慢慢地成了一种"习惯"。原先人们喜欢每个星期日的下午来到这里，自带装肥皂的废木箱作为讲台，所以这里也称为"肥皂箱上的民主"。公园东北角拱门旁也形成一处"演讲者的角落"(Speakers' Corner)，任何人都可以到这个地方，站在肥皂箱上高谈阔论，表达理念。台下听众有的回应、有的喝彩、有的反驳、有的辩论，是一种民主和言论自由最直接的表现。

　　这是我认为拥有 1-8 通道的人最极致的表现！"表达自我，勇于展现自己的独特"是我认为这个通道最有力量的地方！他们某些程度上是把自己内在的许多想法与力量透过喉咙中心呈现，因此启发别人，成为激励他人的榜样！

　　1-8 通道的人并不那么在意有没有很多粉丝跟随，对我们而言，能够说出我们内在的"真心话"才是重点！对拥有 1-8 通道的人而言，表达不是为了被认同，而是想听到你们说我们"很特别""独一无二"这件事情，这是我们满足感的来源！

我自己从小就有对这条通道的体验，某些程度上可以说我很"大胆"，什么话都敢说，在大人的世界里就比较容易引来"不长眼睛"或是"傻瓜"的评语。但请相信我，我们的发言不是为了反叛或捣乱，而是想很清楚地告诉大家一个"未来的方向"（握拳笃定）。

长大的过程，这条通道有许多压抑，特别是在工作的场合，不见得什么事都沟通得了，关键在于"说话"的时机，在被正确邀请的情况下，创意才得以被看见！虽然说没有人拿肥皂箱邀请我们的时候，我们也可以自顾自地讲，不过这样的苦涩也的确只有我们知道啊！还浪费了我们的"满腹"创意！我找到的方式是为自己打造一个"发声"的平台！在自己的平台或是博客（日记也可以！）上高谈阔论一番，让自己抒发！然而，当正确的邀请出现，1-8 通道的人最需要拿出来的就是"勇气"！勇敢地说出自己想说的，无须理会别人的看法，勇敢地表达出来！Dare to be different!（敢于与众不同）就是我们的 slogan（口号）!!

1-8 通道的人最需要听到的就是："你的想法好特别，我真的好想知道！"一旦你这么说了，就麻烦也准备一点时间让我们大鸣大放一下！不需要热烈拍手，聆听跟"嗯哼"声就足以让我们有 100 分的满足了！所以说，身边如果有 1-8 通道的朋友，记得三不五时拿出个肥皂箱邀请他，他一定能给你带来许多意想不到的灵感！

(人类图使用者分享)

按照自己的信念过生活
10-34 探索的通道

克莱恩（Clain），自由工作者、生产者

10-34 是探索的通道，据说拥有这条通道的人，要按照自己的信念过生活。

最近发现，我已经在地球生活了这么久的时间，我拥有不快乐的童年、郁闷的青少年、灰暗的大学生活。接着是浑浑噩噩的八年，我不知道该做什么，便按照父亲的希望而念了研究所，接着又按照父亲的希望念师资班、当公务员。

按照别人的期望过生活的那几年，我的心灵与身体出了很大问题。我严重失眠，到早上才睡着，食欲不振，每天只吃得下一餐，要每天喝酒才熬得过醒着的时光（没有酒精中毒真的太幸运了），然后是轻度抑郁与恐慌症。我当时经常坐在港都公寓房间的地板上，很努力地抵抗每一个灰色乃至黑色的念头，要很努力地才能活着过下一分钟。

我不知道我真心喜欢的是什么，我不知道我为什么过生活。

我只知道，循着别人的期待过生活，让我非常痛恨自己。

有一天晚上，我突然福至心灵，想走跟之前不一样的路（想必是我的荐骨突然受不了了），接着是漫长的抗争：跟父亲决裂，忍受低劣的物质生活，在异乡没有朋友，在职场上激烈竞争，过着与过往完全

不同的人生。

　　奇妙的是，以自己的理念过活的这十几年，高低起伏，有快乐兴奋，也难免有挫折与低谷，甚至有过活着以来感觉最糟的一年的时候。以前，父亲和一些朋友都对我说，我某天一定会后悔。而这一天始终没到来，即使在最糟的那一天，我都知道我说不后悔并非逞强。

　　拥有 10-34 通道的人，似乎总会选择一条跌破别人眼镜的路。我没有办法过别人期待的生活，在别人眼中总是自讨苦吃，走充满荆棘的道路。然而，在做自己喜欢事情的时候，即使受伤，是痛也是快乐，觉得活着真好。丛林里，鸟叫的声音很响亮，经常不知道下一秒会跌进陷阱，还是找到水源，但是每一个当下都充满生命的喜悦，每一个细胞都在回应。

　　这几年突然有种感觉，我的人生因为 10-34 通道而吃尽苦头，却也是因为这条通道才能存活至今，而现在终于可以平静下来，在辽阔的草原上听听风的声音。

　　我终于觉得，活着挺不赖的，谢谢我的 10-34 通道。

> 人类图使用者分享

给我超乎寻常的精气神赚钱
21-45 金钱的通道

卡伦（Caren），金融业、生产者

拥有金钱的通道到底是什么感觉呢？的确我是比同龄人赚得稍微多一点，但也不是什么顶尖豪门巨富（我猜他们都是因为别的通道在赚钱，或者是投胎投得好，都不是因为金钱的通道）。这点大家要先明白，拥有金钱的通道并不是天生中头奖，没有那种事！

唯一比较接近天生中彩票的，是我从小到大的确是没有为钱担心过，长大以后也很自然地就做了薪水待遇很好的工作。（我姐第一次看到我的合约很担心地问：这公司真的不是诈骗集团吗？）

我现在还是觉得自己非常幸运，的确是踏入了一个起薪比别人高的工作，但是做了十多年以后，我发现金钱的通道不是直接给我白花花的钞票，而是给我超乎寻常的精气神去赚钱，而我并不觉得原来这些精力或耐性是超乎寻常的。也就是说，我只是自然而然地在这行默默地做了这么久，比平常人起得早、工作得更晚，比不做股票的人承受更多的心理压力，更耗费体力，比别人更有能耐地做了好久好久——但是，我在做这些事情的时候并不觉得比别人辛苦，只是会听到别人告诉我："啊呀，要这样啊，我做不来。"

最近我才明白，其实这份工作与这些金钱，要耗费超乎一个人份的、非常大量的精气神才能赚取。金钱的通道一次给了我两个人甚至三个人分量的装备，将两三人份的钱赚回来。就这点来讲，我真的很幸运。

另外一个体会，是我在看意志力中心与金钱的通道的说明时感受到的（毕竟 21 号闸门在意志力中心里，表示我的意志力中心是有定义的）。我记得上二阶课程时学过，金钱线要发挥效用招来滚滚钱财，不是只为自己，而是更要为身边的人，因为有定义的意志力让人有竞争力，能奋发，但并非无偿，它是需要回报的！也就是说，赚钱不是没有目的的事——世界上没有无缘无故的爱，也不可能无缘无故地赚钱。我愿意对家人、友人、爱人慷慨，使得他们快乐并富足，这对我来说不但是目的，也是最棒的报酬！

> 人类图使用者分享

要你全心投入的设计
29-46 发现的通道

卡尔·楚（Kal Chu），经纪总监、生产者

29-46 是我唯二的通道之一，再加上 46 闸门被开启四次，理应我就是这条通道的最佳代言人。但老实说，在第一次上人类图课程时，我就满肚子的疑惑。乔宜思在二阶课堂上谈到这条通道："我不要输的感觉。"我觉得这真是跟我差太多了，难道我没有活出自己的设计吗？我自认为是一个很不喜欢竞争、能不出头就不出头的人，我的内心很少会兴起这种一定要赢的大型重低音环绕立体声。后来，乔宜思又更细腻地解释了这条通道，她说："这条通道的人要放下期待，走到底答案才会显现。"这句话有点触动到我的内心，但又不是很清晰。等到当时订的原文书到手后，我急忙看下这条通道的解释："If they are only half committed, they learn nothing"（如果只是半吊子，他们将学不到任何东西）我想我大概知道所谓"发现，好胜，执着输赢"的意思了。

对我而言，从没有一件事是要想过怎么赢才去做的，但我发现，我在面临一个情况时，会本能地进入那个状况中，专注地想该怎么做。举例来说，刚进唱片业做执行企划的时候，我对这个行业该具备什么素质和技能毫不清楚，只是对写歌词有兴趣，而我也觉得自己有些文

字功底，便因缘际会地踏入这行业。后来我发现，文字功底只是唱片企划所需能力的一部分而已，除此之外，音乐、营销、视觉等都是必须具备的职能。其中视觉是我以前很少碰触的领域，但执行企划有很大一部分的工作，是要进剪辑室告诉剪辑师跟后期人员，你的MV短片跟广告要怎么剪怎么做。

我还记得第一次做广告字幕的时候，剪辑师问我要什么字体、字体的动线要怎么做的时候，我当场傻在那里，我只知道明体字耶……当下觉得自己超惨的，怎么唱片企划跟原先想的都不一样！但也没时间自怨自艾，因为后面的工作又如雪片般飞来，我只好用土法炼钢的方式，每次去剪辑的时候，提早一小时到现场，拜托剪辑师让我看其他各家公司资深企划的广告作品，大量地看业界前辈的想法跟做法，同时每天去诚品书店翻各种杂志，包括流行服装设计、广告、居家、摄影等，只要是我觉得跟视觉有关系的都不放过，边走边恶补。说来也奇怪，主管跟老板慢慢地把越来越多的想法交给我主导，我也越来越抓得住做唱片企划的精髓。

我想解释的就是前面提到的，这条通道就是一条要你全心投入的设计，边走边发现问题，然后全心解决它，就像玩游戏，解决一关，经验值提升，然后又有下一关的魔王来挑战你。当执行企划的时候根本没时间想输赢，就是觉得我要解决这个状况，所以我要怎么做。如果你问我怎么没被挫折击败转而逃走，我想大概是因为在问题解决后，我很喜欢获得的经验能力。原本我对视觉一点兴趣也没有，但后来我突然发现视觉是我潜在的基因，我不知不觉唤醒了它。就像一开始写的，有这条通道的人得放弃期待，走到最后才会发现这个经验要你学习什么。事后印证了我才忍不住惊叹：可以活出自己真的是很美妙的体验！

第七章
定义与轮回交叉

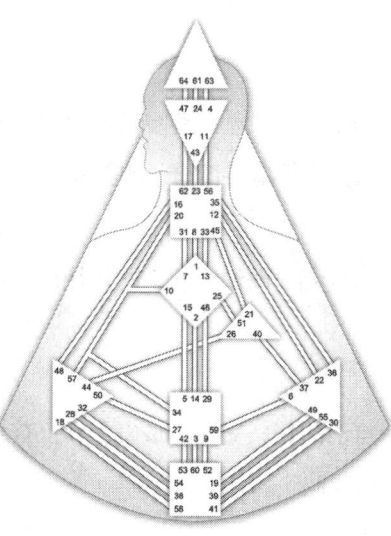

看懂人类图的最后一步。整个世界是一个大轮轴,你最重要的四个数字在这个大轮轴上形成一个大交叉(轮回交叉),这就是你的定位系统。

关于定义与轮回交叉，
大家最常有的疑问是……

☉ 根据前面的章节，我已经逐步知道自己的设计，那接下来我该怎么综合性地解读自己的图呢？

⊕ 一分人和二分人之间最大的不同是什么？彼此该如何相处呢？

☽ 我好好奇自己的轮回交叉，该怎么看？有更专业的方式可以进行解读吗？

☿ 为什么有些人的一生很像他们的轮回交叉，可是有些人根本就完全不像呢？最主要的差别在哪里？轮回交叉是每个人在人生中注定会完成的使命吗？

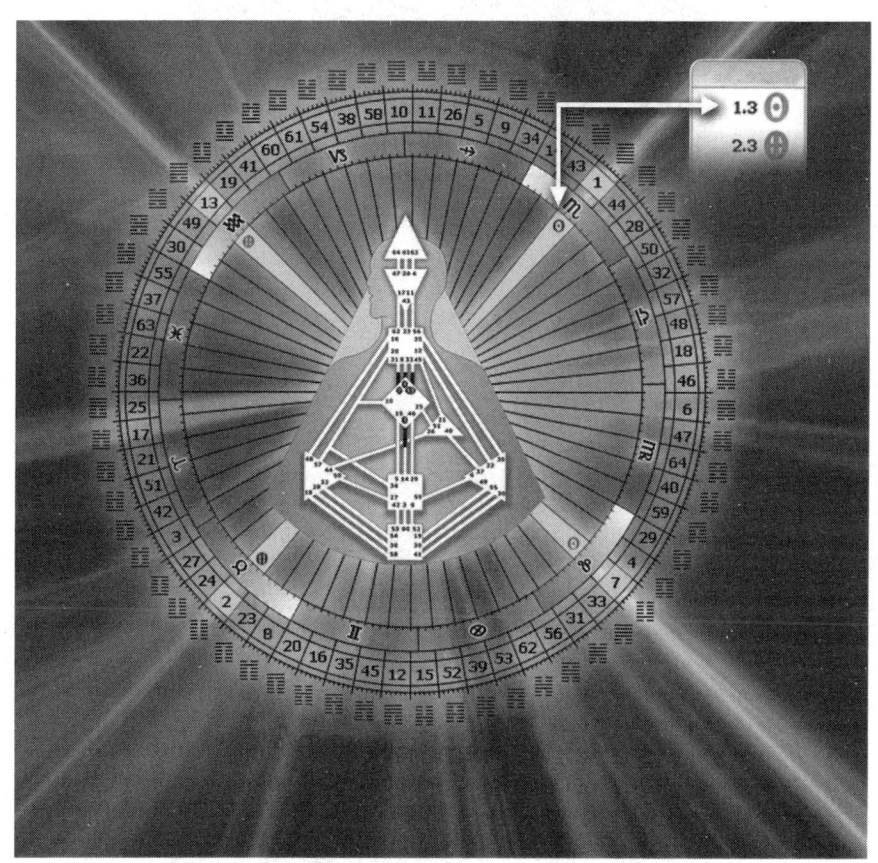

图 63　轮回交叉
你最重要的四个数字在大轮轴中形成大交叉

整个世界是一个大轮轴，你最重要的四个数字在这个大轮轴上形成一个大交叉（轮回交叉），这就是你的定位系统，也是你此生即将踏上的旅程。

类型	人生角色	定义
投射者	4/6	一分人
内在权威	策略	非自己主题
情绪中心	等待被邀请	苦涩
轮回交叉		
Right Angle Cross of Tension(38/39|48/21)		

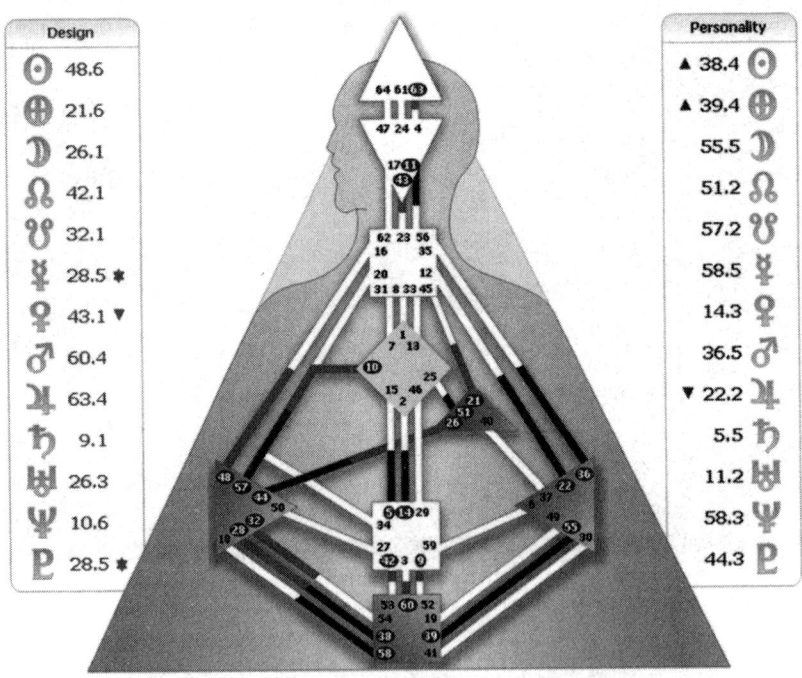

图 64　定义与轮回交叉图表

定义与轮回交叉
看懂人类图的最后一步

轮回交叉——你知道自己来地球是有任务的吗？

我们活在世上，难免会有困惑的时候，古时会有算命先生说，某某人是带着天命而来。事实上，以人类图的角度来看，我们每一个人都带有天命，当你开始这段人生旅程，属于你的命运之旅也就此展开。在你的人类图表格中，轮回交叉前面的四个数字代表四个闸门，象征你的四项主要特质，由此形成了你的轮回交叉，意味着你此生的使命，也就是你来到这个世界的目的。

想象这样的情景：整个世界是一个大轮轴，你最重要的四个数字在这个大轮轴上形成一个大交叉（轮回交叉），这就是你的定位系统。如果你回到自己的内在权威与策略，活出自己真正的样子，宇宙定位系统自然能引领着你，让你在属于自己的轨道上运行。相反，若你自始至终，从未回归内在权威与策略，那么我会说，你的"轮回交叉"那一栏，就只是海市蜃楼。唯有真实过生活的人，才有机会踏上属于自己的命运之旅。

不同的使命会有不同的旅程，每趟旅途皆有既定的行走轨道，一个对的决定会带你进入下一个正确的阶段，你的路将越来越清晰，路标显现，一切都会水到渠成，越来越清楚，对的人与对的邀请将纷至沓来，无须向外追寻。你会越来越了解这辈子要完成的使命是什么。每个人的使命都不同，没有谁能取代谁。既然如此，就无须比较，只要扮演好自己的角色，天地之间便会有你的一席之地。

轮回交叉在人类图中是非常专门的领域，若对此有兴趣，可以翻阅《人类图——区分的科学》或找专业人类图分析师做解读。

定义——你是几分人？

以人类图的术语来说，"定义"指的是人类图上有颜色（被启动）区块的分布。一分人指的是有颜色的区块是连成一块的；二分人则是有颜色的区块分成两块，彼此不相连；三分人则分成三大不相连的有颜色的区块；以此类推，四分人就是四个有颜色的区块彼此不相连的意思。

一分人的体内，仅有一股生命的动力，所以做决定时爽快直接，却不见得面面俱到。二分人容易自我争辩，这意味着他们要做决定，必须设法让体内两股动力，达成共识。过程自然比一分人慢，然而一旦整合了，考虑的层面也更为周详。三分人与四分人做决定，则需要更长的时间，三分人捉摸不定，经常反复改变，一件事决定后两三天，可能又会全盘推翻，令周遭的人很崩溃。但是三分人非常灵活，性格多样，在复杂的环境中特别能应变。四分人做决定的时间会更久，甚至连他自己都无法理解自己。四分人看世界的角度非常独特。

通过人类图来了解别人，你会知道为什么，别人做决定的时间与过程，与自己大不相同。了解之后，你才能知道该如何尊重彼此，相互包容。

第七章 定义与轮回交叉 235

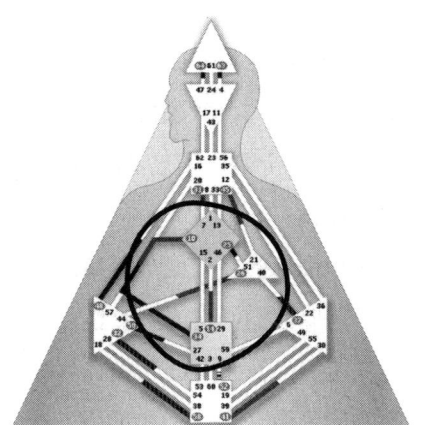

图 65　一分人

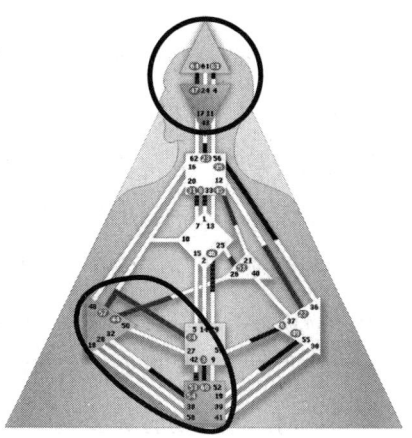

图 66　二分人

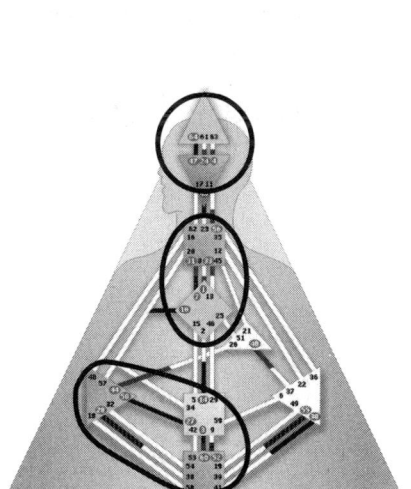

图 67　三分人

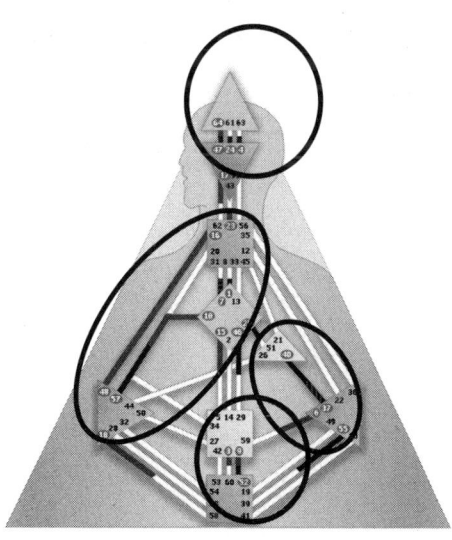

图 68　四分人

练习使用关键词，来描述自己的使用说明书

现在的你已经知道自己的类型与策略、有颜色与空白的能量中心（组成你这个人的模样）、内在权威（做决定的方式）、人生角色（与外界建立关系的方式）、你所拥有的通道（拥有的天赋才华）。你可以试着依序练习，以整体而全面的角度来描述自己：

我是纯生产者，内在权威是情绪，所以回到内在权威与策略，对我来说就是：观察并体会自己的荐骨在不同时间的回应，同时也要好好体会自己的情绪周期，不要在当下做决定。当我没有回归内在权威与策略时，我容易感到挫败。我有颜色的能量中心是这个和那个，这表示我有哪些固定运作的模式。而我空白的能量中心分别是这个和那个，表示我要避免陷入非自己的状态。我的人生角色是 1/4，表示别人很容易跟我亲近，而朋友是我最大的资源。我有梦想家的通道，这意味着我情感充沛，心怀梦想往前行。我总是能驱策众人也去追求他们的梦想。

当你能够做出以上自我描述，你的人生使用说明书，就能清楚地浮现出来。

关于定义与轮回交叉

> · 你是几分人决定了你消化与整合资讯的过程与时间，各有优缺点，没有哪种比较好。
> · 理解别人做决定的方式与自己不同，学习尊重彼此的独特性。
> · 回到内在权威与策略来做决定，你自然就能回归宇宙的定位系统，踏上自己轮回交叉的奇妙旅程。

Q：我是一分人，我的朋友是二分人，难怪我经常觉得他做决定时慢吞吞的。请问可以训练二分人变成一分人吗？

A：所谓几分人的设计，代表的是每个人消化与整合信息的方式，个体之间大不相同。请学习尊重彼此的差异性，才是最好的解决之道。

Q：我该怎么做，才能实现自己的轮回交叉（使命）？

A：你不必特意做些什么，也无须外求，只要回到自己的内在权威与策略来做决定。正确的决定会带领着你，迎向下一个机会点，对你而言正确的人、事、物，宛如路标，将逐步显现。当你活出真实的自己，越来越成熟，你会体验并发现自己的轮回交叉原来是这么一回事，你会明白原来每一天，每一个决定，你都在实现自己的使命。

> 人类图使用者分享

在日常每一个抉择里实践"爱自己"

艾米莉(Emily),插画师、投射者

我相信人类图,但也从没停止过对人类图的怀疑。

人类图好像永远能够自圆其说,总是有它能说中的地方,而此刻觉得不准的,只要说是"非自己"或其他因素影响,就能解释一切。每次看着自己的图,我感到那么认同和亲切,但又不禁想:"如果一开始给我完全不一样的图,说那是我,会不会也自自然然对号入座,觉得超级准?"然而人类图最可怕的地方是,我这种反复质疑与回顾的特质它也记录了!(我有63号闸门"怀疑"和24号闸门"回归"。)

在相信与质疑之间过生活,唯一的方法似乎是验证。我是个需要等待被邀请的投射者,还未认识人类图之前,我早就知道自己个性被动,喜欢等待多于争取,但现代社会并非是如此运作的,所以有时候我会强迫自己主动进取,结果有成功也有失败。接触人类图后,我有意识地提醒自己不要主动发起,专心等待邀请。邀请真的有来,结果也是有些顺利,有些波折重重。例如碰到一些工作邀请,当下感到乐意接受,但合作下来并不顺利。

于是我明白,即使人类图所说的策略可靠,也不保证依着做就能顺遂成功。那听从内在权威和策略究竟有什么好处?我的体会是它至少能让我更有意识地忠于自己。当我做大大小小的决定时，我都提醒自己去感受是否是真心想要，而不像从前只思量"应该"要怎样，这无疑让我的人生升级了一大级。这个过程中我体会到尊重和珍惜，不是来自外界的，而是我对自己的。

  第一次看到自己的图，老实说有点失望，三十六条通道我只有一条，九大能量中心有七个是空的。天啊，你就只能给我这样的？就不能给我更漂亮、更厉害的设计吗？在那许许多多的闸门和通道的知识里，我花了很多心思去想自己缺乏什么、拥有什么。本来我对人类图的想象，是它可以帮助我更成功和更快乐，但结果有了人类图好像也没有减少失败，我仍然会有很不快乐的时刻。可是在实践过程中我确实多了一点很重要的什么。人类图的重点也许并非那许多的知识，重点是在日常每一个抉择里实践"爱自己"。每次我决定，也回到内在真我出发，这就是一个爱自己的起点。人类图的用意应该是带人踏上爱自己的路。而最终会不会获得我想象的成功和快乐，我还是不知道。可是大概也不会有其他路径，比爱自己的路更值得走了吧。

> 人类图使用者分享

将身上笨重的保护盔甲脱下，才能真的前进

GJ，保险业、生产者

我接触人类图时还没有小孩，当时只是为了找到更多方法肯定自己，以及搞定别人。我从小的生活很窘迫，在我求学时，学费是家中很大的负担，我因此在很没有安全感的状态下长大。我20岁时进入保险业，到二十七八岁时才让自己及家庭的生活稳定许多。我非常努力，一直试着想掌控自己的人生，甚至想要控制一切。工作上我是高级主管，要带一大群伙伴。以前只要有员工来找我谈话，我第一时间的想法是他们想离职了，或者他们有什么目的，还是我哪里做得不够好。但同时我又恐惧冲突，害怕失控及失去，所以我以前经常会以控制、劝导、引领等方式控制别人。

这一切在有了孩子之后都改变了，我才真的想通过了解与实践人类图活出自己是怎么回事。我刚开始当妈妈时，脑海中有个理想母亲的画面，当我赫然惊觉自己的分数很低时，我很恐慌。后来我听到一句话：父母给孩子最好的教育，就是自己活出精彩的生命。我开始想真正了解我自己，也想让孩子能以他们原本的样子成长，让他们在不被制约的环境中成长，而不是我一直伸出手去控制他们。惭愧的是，我以前不是很能接受别人如实地活出他们本来的样子，我只能接受他

们活出我认为他们应该要有的样子。可是为了孩子，我惊觉这样不行，我要停止控制，我的孩子才能自在成长。

有趣的是，我的头脑和逻辑中心是有定义的，所以脑袋非常忙碌，想个不停，因此我很少听到荐骨的声音。在陪伴孩子的过程中，我一直听到他们荐骨的声音，也因此听到我自己荐骨的声音。孩子的需求是那么单纯，他们饿了、渴了、想尿尿，一定都会有很直接的肢体语言或声音反应。我所需要做的只是回应他们的需求，给他们爱，而不是将自己认定的想法套在他们身上。回应爱不需要预想，不需要安排也不需要规划。我只要在当下回应就好了，是孩子教会了我等待、回应。

我的人生被孩子逼得慢下来，因此我得到很大的自由，这种自由的感觉不是创造出很富裕的物质生活或者拥有权利以满足自己的需求。真正的自由是做自己，时时刻刻都不伪装，在当下如实回应。我开始体会到，如果我能做自己，我也就可以真正地同理别人，体谅别人，给我的孩子与伙伴做自己的空间。

我的同事因此觉得我有很大的改变，我不再因为恐惧冲突而讨好别人，我开始明白有些事情不见得让人感觉舒服，但却是真实的，既然如此，我也就尊重它的存在。现在当有伙伴跟我的想法差异很大时，在充分了解后，我们都能接受彼此的不同，然后一起面对想法差异所带来的课题。所以我不再让罪恶感或恐惧感推动着我，我还给出祝福与谅解。对我来说，人类图就像魔法，它脱掉原本加在我身上无用且笨重的盔甲，还我本来面目，令我踏上真正的人生之路。

> 人类图使用者分享

抛开头脑的担忧，
用身体回应生活

米莉（Millie），服务业、生产者

我在 2010 年接触到人类图，从此发生了一连串变化，到现在整整 6 年，我已经变成了跟 6 年前完全不同的人，而一直到现在，我还在享受这份礼物为我的人生带来的惊喜。

2010 年前，我过着循规蹈矩、被社会认定的正常生活。从小到大我为了妈妈念书，专科选读理工科系，因为这样才不会饿死，进入社会后刚好遇到台湾地区经济起飞，我在上市的电子公司当制图师将近 20 年。做这份薪水丰厚的工作让我买了房子，还存了一笔钱。我的人生看起来正常而稳定，但我却越来越不快乐，越来越空虚。

在接触人类图之前，我上了很多课：摄影、游泳、呼吸静坐……但我总觉得生活如同死水。接触人类图后，我开始聆听荐骨的声音，体会 G 中心带来的奥秘。我踏出舒适圈，接着便开始发生一连串奇妙的变化：先是决定从家里搬出来独自居住，接着发现身体有状况而迅速开刀，工作中突然被遣散……换作以前的我，一定觉得很崩溃，但我当时领悟到，这些看似可怕的生命地震无非是一种清除，得先将我生命中扭曲错误的部分去除，才有空间容纳正确的人、事、物。而什么是正确的人、事、物呢？我不知道。但我决定放空，静静等待生命给我提醒和暗示。

就这样，我开始了一段外人眼中无厘头而跳跃的工作期，用自己的身体去体验对什么工作有响应。我完全依循身体的感受和周遭身边出现的讯息，观察自己身体的响应。我后来选择了一份咖啡馆的工作，因为离开电子产业的工作后，我发现自己很想跟人接触，想做与人面对面沟通的工作。所以在面试咖啡馆工作时，我其实很担心自己无法胜任，我要求店长让我试做一天，想知道自己到底可不可以，想不想要这份工作。幸运的是，待在那里试做的那一天，我很开心，面对未知充满热情毫无惧怕，而且发现自己真的很爱讲话。后来在阅读《人类图——区分的科学》时我才发现因为本身G中心空白，正确的环境对我来说很重要，我要待在正确的地方，才能遇见正确的人、事、物。

在咖啡馆工作一年后，我又到了现在工作的茶馆。我发现自己从本来没自信到现在喜欢跟陌生人说话、向顾客介绍商品和店面。在咖啡馆工作很耗体力，所以大量使用身体时，反而得以抛却头脑运转的习惯，让自己一点一点恢复动物的本能。很多头脑想拥有的东西其实都是自己不需要的欲望，那些欲望往往换来心的疲惫。顺应身体的渴望后，很多事情越来越简单，我发现自己也变得很容易满足。

这6年的工作，是我生命重要的转折。我这6年来用身体去体验，原来头脑给自己的制约那么巨大。现在的我则完全享受无法掌握的未知。我相信宇宙给每个人的都是丰盛的，我所需要做的是，放开头脑的担忧，好好地享受这一切。

> 人类图使用者分享

走上去制约之路

喻小敏，编辑、生产者

走进人类图的世界时，我的人生正面临瓦解。

我循着早就设定好的目标，一路前行，沿途的风光景色开始变得不太一样，犹如舞台更换了背景，我才惊觉原来已经换幕了，我要和不同的演员，演出最关键的一场戏。可是，我还没排练好，台词老是记不住，表情和动作就是做不来。我惊慌莫名，像得了失语症的演员，呆若木鸡地站在聚光灯在舞台上打出的光圈里，脸色苍白、心情惨淡。

第一次看见自己的人类图时，我的直觉反应是一定是哪里搞错了！三个有颜色的能量中心还算中肯，荐骨、根部和直觉有定义，代表我热爱工作，压力是动力，直觉敏锐可以信任。但是，从上面到中间延伸至右边白惨惨一片如无人之境是怎么回事？向来主见强烈的我怎么可能头脑没定义？喉咙代表影响力，也是白的，当了 20 年的主管难道是白当的吗？曾经缔造过的丰功伟业，没有方向感和意志力哪能办得到？还有，我向来是个温暖包容的人，还是个特别充满情结的人，情绪中心一定是要有定义的啦！

我以为的我，原来根本不存在，我就像面对死去的亲人一样，拒绝相信，甚至因为别人有我所没有的设计，心中满是怨愤，更要证明自己也做得到！人类图是一套让人们可以做出正确决定的工具，然而，不容否认的事实是，这个世界的制约时刻存在、无所不在，尤其职场是最大的制约场。我继续学习人类图，继续用原来的方式生活、工作，表面上看来还是生龙活虎，内在混乱的声音却源源不绝地冒出来。我质疑自己、怀疑一切，我不知道要相信什么，甚至想放弃自己。我以为的我正快速地一点一点在分裂。

2014年底，乔宜思问我有没有兴趣参加来年初夏在人类图起源地伊维萨岛举办的一个工作坊——"体验你自己（Immersion）"，这是由美国人类图分部首任总监玛丽·安·温妮格（Mary Ann Winiger）主持的。她写的《人类图去制约之旅——一个人的革命》（*A Revolution of One*），我在人类图的第一堂课上听乔宜思提起这本书后，回家就上网订购，收到书后我只花一个星期就囫囵吞枣地读完了。当乔宜思问我要不要去工作坊时，我听到我不假思索地发出了"嗯哼"的声音，这是来自我的内在权威——荐骨——对于问题表示肯定的回应。那是个寒冷的冬天，这个声音在我体内点燃了一把火。半年后，我飞到西班牙，走进玛丽·安的教室，和来自世界各地的学员，一起倾听、探索我们的内在权威，以及头脑——外在权威——是如何环伺在侧，随时准备抢夺做决定的宝座。

在那5天密集的练习和对彼此能量场的感受里，我过往学习到的人类图知识突然变得立体起来，人类图不再只是知识，而是具体可用的工具。身体这套精密的配备，比我们的头脑更清楚什么对自己而言是正确的。头脑并非一无是处。头脑是灵感的来源、创意的基地，也是别人的老师。但是要头脑来做关于自己的决定，可能会是一场灾难，尤其如果和空白的能量中心加在一起，简直可以演出一场精彩绝伦的荒谬剧，而且都是假的，因为完全是脑袋在扮演，而我们却依此来做出人生中大大小小的决定。

关于这点，我有丰富的经验。我的意志力中心和情绪中心是空白的，由于从小的制约导致非自己，头脑已经认定自己不够好，要与人为善，避免冲突，以至我在与人合作的时候，常常会不知不觉谈出对自己并不平等的条件。但是，这样的结果其实自己内心并不满意，混乱、纠结、表面平和、内在暴怒，仿佛体内有另一个人，过着黑暗的秘密人生。

人类图，就像一个卫星导航，当我开始混乱的时候，我会知道是哪个非自己又在猖狂了，产生觉知的那一刻，导航就开始校准。而人类图的通关密语"回到你的内在权威与策略"，虽然听起来不可思议，但是，只要试过让它做一次决定，体验到什么叫"满足"，是会让人上瘾的。恐惧势必会有，那是头脑在尖叫，那是背离过往决策模式时头脑的必然反应。不过，也不要以为回到内在权威就一帆风顺，仍然会有挑战，仍然要非常努力，但只要是正确的决定，自然而然就会迎来正确的人、事、物，协同你完成这趟旅程。

我就这样走了将近五年。从伊维萨岛回来后，我的荐骨越来越顽强，我也逐渐放心让它带路；而垂头丧气的头脑，我则让它专心在工作上整合想法与经验，创作、追剧或放空都好，尽量别让它为我操劳了。去制约需要七年，我还有两年要走，我迫不及待想要好好认识卸下制约盔甲的我。这也是一场漫长的告别，告别我曾以为的那个我。

Goodbye, stranger.（再见，陌生人。）

附录
名人人类图范例解读

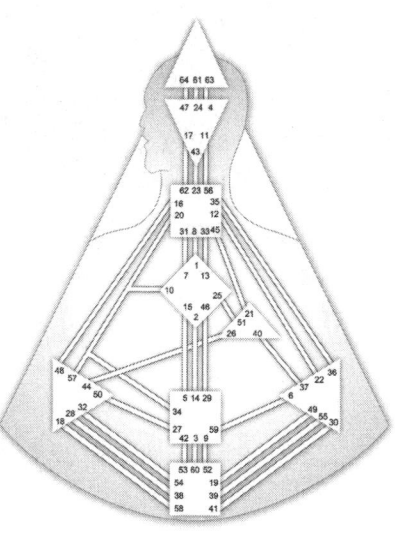

经过前面的章节,我们在本章中选出两位名人的人类图做实例解读,看他们的能量中心、类型、人生角色与非自己如何交叉作用。

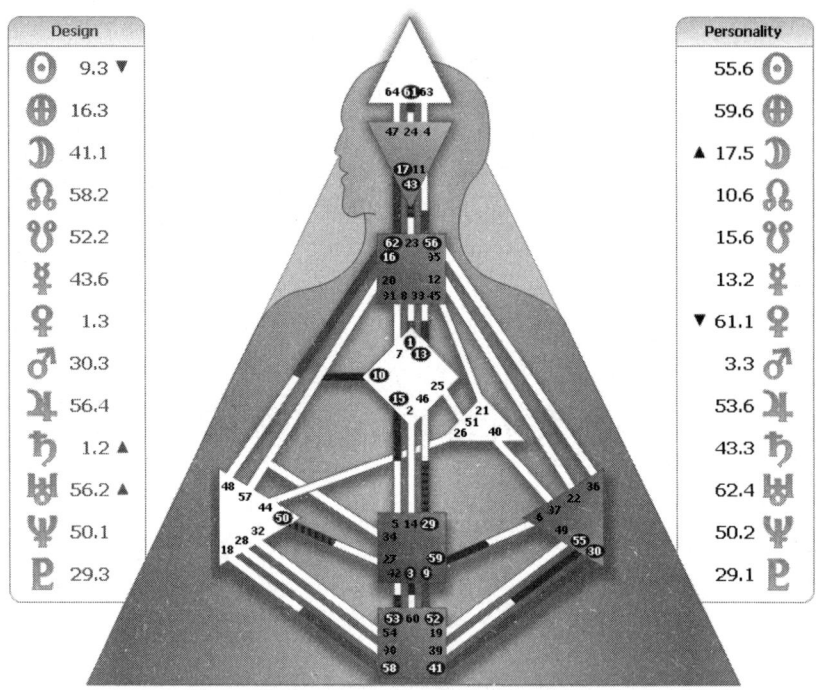

图 69 乔布斯的人类图

附录一：史蒂夫·乔布斯的人类图

史蒂夫·乔布斯

1955/02/24　　19:15　　加利福尼亚州旧金山

美国企业家、营销家和发明家，苹果公司的联合创始人之一，曾任董事长及首席执行官，NeXT 创办人及执行长，也是皮克斯动画的创办人及首席执行官，2006 年为迪士尼公司的董事会成员。

乔布斯人类图范例解读

乔布斯是一位追求完美、做事循序渐进、缜密而仔细的纯生产者。这是二分人的设计,他的内在存有两股极端的生命动力,分别由17-62和30-41两条通道所构成。这两股动力看似矛盾,却激荡出绝妙的火花,造就他神话般的一生。

17-62通道与30-41通道的和弦曲

拥有通道17-62的人极具理性,他的沟通方式逻辑分明,是天生的管理者。他的思考方式兼顾大方向与细节,面对公司组织里的各个部门如何交互运作,具备敏锐的洞察力,总能为未来找出合乎逻辑的运作模式,或修改既定模式,带领大家往下一个更大的方向与愿景迈进。他讲话有条有理,总能将原本复杂的事,转化为美妙的细节与简易的操作模式,同时又在其内蕴藏新颖的洞见与启发,让众人充满好奇与期待。

30-41通道则充满情感的驱动力,这部分的他不见得能以言语表达,但是我们可以从他的行为中不断看见他天马行空的想象力,同时又对自己的梦想专注而执拗，除了自身情感丰沛、充满能量，还能引导众人聚焦关注他的梦想。他有许多想完成的事情，是一个伟大的梦想家。他的一举一动总是能挑动众人的情感，激发大家朝共同的希望与愿景一起向前。

空白中心的影响

许多人都以为乔布斯个人风格强烈，以创意风靡世界，极度聪明，或传闻他的情绪暴躁，难以取悦。事实上，身为苹果公司的联合创始者与皮克斯公司的创立人，他本身具有强烈的反差，在理性与感性中激烈震荡拉扯。再加上他的四个空白中心，在接收来自外在影响的同时，也是带来诸多混乱的源头。

空白头脑中心的灵感来自四面八方，但是也常受困于不属于自己的难题，无法自拔，而这难题极可能来自空白的 G 中心，这让他常常思索"我是谁？""什么是爱？""我的人生方向在哪里？"。加上空白直觉中心的影响，安全感更是乔布斯在生命中，不得不面对的重要课题。是贪恋安稳，还是转向另一种极端，以为只要逼迫自己克服恐惧，战胜恐惧，就能找到出路？恐惧如影随形、诡谲多端，同时也与情绪周期挂钩，导致他在情绪荡到低点，或飙到高点时，反差之大，超乎一般人所能理解。而那最让人受苦的空白意志力中心，更让他此生不论成就了多少，不管完成了多么不可思议的丰功伟业，每当夜深人静时，内心深处依旧会忍不住怀疑自己的价值，在人生中不断想证明自己的强烈渴望，更容易误导他做出错误的决定。

生产者与 6/3 人生角色

回到内在权威与策略，乔布斯是生产者，生产者的策略是等待、回应，加上情绪中心为内在权威，在做任何决定之前，他需要完整体验自己的情绪周期，静待情绪高低起伏各个阶段所带来的智慧，慢下来，别冲动，千万别在当下做决定。同样的问题，荐骨在情绪周期的不同阶段，可能会出现不同的回应。要有耐心，当情绪重获清明，就能摆脱空白中心所带来的混乱，答案清晰浮现。

身为 6/3 人生角色，他一生抱持着远大的理想，立志要闯出一番大事业，但是在现实层面，他的生命历程却是跌跌撞撞，遭遇诸多曲折与坎坷，让他在不断碰撞与打击中，体验理想与现实的差距。但也唯有如此，这些看似难以想象的挫折，才能让他浴火重生，从中蜕变而成熟，成为我们最好的人生导师。他曾经在斯坦福大学毕业典礼的演讲中说道："苹果开除我，是我人生中最好的经验，我就此轻松释放了过往成功所带来的沉重，让我进入了这辈子最有创意的时代。"这真是经历淬炼后的人生典范才会说出的话，他活出自己的设计，也为世人带来深刻的启发。

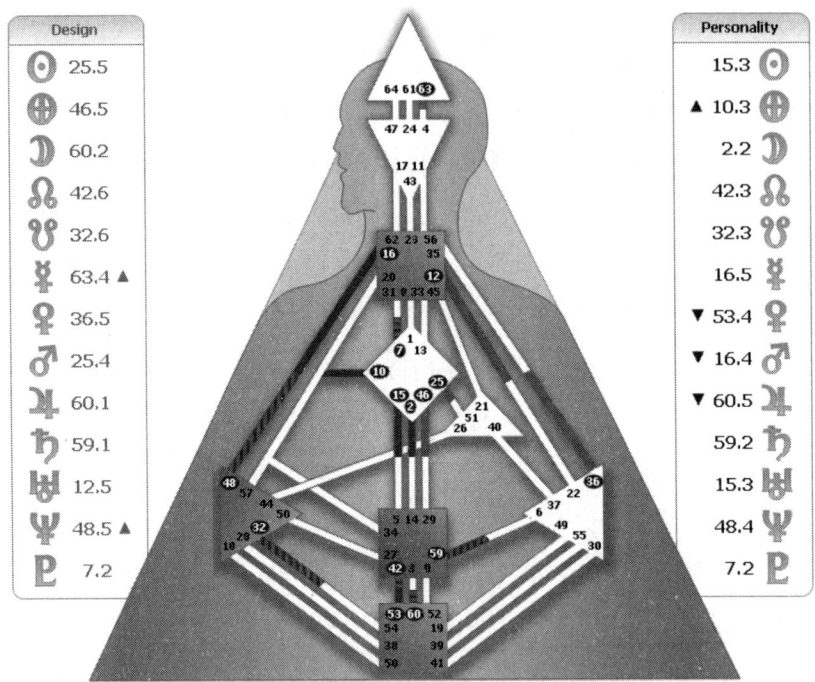

图 70　梅丽尔·斯特里普的人类图

附录二：梅丽尔·斯特里普的人类图

梅丽尔·斯特里普

1949/06/22　　　　08:05　　新泽西州萨米特

美国女演员，被誉为美国电影史上最伟大的女演员之一，到目前为止是史上获得奥斯卡表演奖提名最多的演员，在人生的不同阶段都能完美演绎不同的角色。

梅丽尔·斯特里普人类图范例解读

16-48 通道与 42-53 通道相辅相成

虽然同样属于纯生产者,也是二分人的设计,梅丽尔·斯特里普的人类图设计,并不像乔布斯一样面对着理智与情感的冲击。她内在生命的动力由两条通道所构成:一条是 16-48 才华的通道:经由不断地反复练习、修正与学习,经历岁月淬炼,累积精力与智能,终于达到令人惊叹的技艺,从学徒提升至大师的境界。另一条则是 42-53 成熟的通道,所谓的成熟是通过人生各种不同的阶段,逐渐成熟并累积智慧,一旦开始就无法轻易结束,在人生各种不同阶段中体验并成长,而脱胎换骨之后,又准备好朝下一个阶段前进。

这两条通道在本质上并不冲突,说起来也有相辅相成的效果,这让梅丽尔·斯特里普不管处于人生的哪个阶段,皆能反复锻炼自身的技艺,逐步迈向成熟。十年磨一剑,让她的演技臻于完美。她是目前奥斯卡与金球奖中,得奖非常多的演员,而这些资历又协助她进入下一个阶段,继续挑战不同的角色。她的演艺生涯并未停止在所谓的巅峰。她告诉我们,真正的成熟是一个阶段接着一个阶段,没有唯一的巅峰,而是峰峰相连到天边,演技永远可以更纯熟,人生也永远能展现出不同阶段的成熟之美。

空白中心带来的人生智慧

对她来说，每一个空白中心的混乱，经历人生的淬炼之后，皆成为可运用的智慧。身为演员，她具有相当独特的 G 中心，上面有许多休眠闸门，代表着她能随着环境不同，或与不同的人相处时，引发她展现出各式各样的面向。虽说对自我定位缺乏固定的看法，她却也因此能充满弹性，灵活地适应环境所需，扮演各式各样的角色。开放的头脑与逻辑中心，让她能开放地纳入各种思维模式，不会受困于僵化的思维。空白情绪中心在早期不成熟时，会不由自主想取悦大家，或因想避免冲突而不说真心话，甚至为此受苦。但也因为这样的设计，让她能敏锐地感受到每个人的每种情绪。情绪是珍贵的礼物，让她能感同身受，更加贴近不同的角色、不同的人生。

而那最让人受苦的空白意志力中心，加上才华的通道，可想而知她终其一生，都将在深度与技艺层面永无止境地追求着。永远看不清楚自己真正的价值，永远不够好，永远可以更好，或许一开始只是为了证明自己做得到，但随着人生阅历日渐成熟，就能从仓皇不安的担心与恐惧中，一步一步转化为谦逊又努力的人生态度。她的自信来自每一步走得稳当扎实，没有浮夸，也就放下了证明自己的执着，获得空白意志力中心的智慧——看见并珍惜每个人的价值。我们总是能从梅丽尔·斯特里普的谦和、提携后辈、努力不懈中获得启发，而这些珍贵又动人的特质，不仅仅源于她的本性，也是这些空白中心长久以来所累积的智慧。

等待并完美回应

身为生产者，荐骨中心内在权威，她可以通过自己荐骨所发出的回应，在每个当下，做出对自己来说正确的决定，而当下这一个正确的决定，又会带来下一个机会，静待她接下来的回应。通过一次又一次的响应，她完整地展现了自己，而我们则拥有了梅丽尔·斯特里普，以及一部又一部让观众印象深刻的好电影。

她是"地表最强女演员"，从影 40 年以来留下各种各样的角色，展现出精湛实力。她是 3/5 的人生角色，喜欢变化，喜欢刺激，一路不断翻滚，为诠释各种角色而不断尝试并训练自己，从颠覆中创新。她不但从中找到了实际的解决之道，也成就了丰富有趣的人生。